원소의 주기율표

- 비금속
- 알칼리금속
- 알칼리토금속
- 전이금속
- 준금속
- 전이후금속
- 할로젠
- 불활성기체
- 란타넘족
- 악티늄족

1 H 수소																	2 He 헬륨
3 Li 리튬	4 Be 베릴륨											5 B 붕소	6 C 탄소	7 N 질소	8 O 산소	9 F 플루오린/플루오르	10 Ne 네온
11 Na 소듐/나트륨	12 Mg 마그네슘											13 Al 알루미늄	14 Si 규소	15 P 인	16 S 황	17 Cl 염소	18 Ar 아르곤
19 K 포타슘/칼륨	20 Ca 칼슘	21 Sc 스칸듐	22 Ti 타이타늄/티타늄	23 V 바나듐	24 Cr 크로뮴(크롬)	25 Mn 망가니즈(망간)	26 Fe 철	27 Co 코발트	28 Ni 니켈	29 Cu 구리	30 Zn 아연	31 Ga 갈륨	32 Ge 저마늄/게르마늄	33 As 비소	34 Se 셀레늄(셀렌)	35 Br 브로민/브롬	36 Kr 크립톤
37 Rb 루비듐	38 Sr 스트론튬	39 Y 이트륨	40 Zr 지르코늄	41 Nb 나이오븀/니오브	42 Mo 몰리브데넘	43 Tc 테크네튬	44 Ru 루테늄	45 Rh 로듐	46 Pd 팔라듐	47 Ag 은	48 Cd 카드뮴	49 In 인듐	50 Sn 주석	51 Sb 안티모니/안티몬	52 Te 텔루륨/텔루르	53 I 아이오딘/요오드	54 Xe 제논/크세논
55 Cs 세슘	56 Ba 바륨	57-71 란타넘족	72 Hf 하프늄	73 Ta 탄탈럼/탄탈	74 W 텅스텐	75 Re 레늄	76 Os 오스뮴	77 Ir 이리듐	78 Pt 백금	79 Au 금	80 Hg 수은	81 Tl 탈륨	82 Pb 납	83 Bi 비스무트	84 Po 폴로늄	85 At 아스타틴	86 Rn 라돈
87 Fr 프랑슘	88 Ra 라듐	89-103 악티늄족	104 Rf 러더포듐	105 Db 두브늄/더브늄	106 Sg 시보귬	107 Bh 보륨	108 Hs 하슘	109 Mt 마이트너륨	110 Ds 다름슈타튬	111 Rg 뢴트게늄	112 Cn 코페르니슘	113 Nh 니호늄	114 Fl 플레로븀	115 Mc 모스코븀	116 Lv 리버모륨	117 Ts 테네신	118 Og 오가네손
	란타넘족	→	57 La 란타넘/란탄	58 Ce 세륨	59 Pr 프라세오디뮴	60 Nd 네오디뮴	61 Pm 프로메튬	62 Sm 사마륨	63 Eu 유로퓸	64 Gd 가돌리늄	65 Tb 터븀/테르븀	66 Dy 디스프로슘	67 Ho 홀뮴	68 Er 어븀/에르븀	69 Tm 툴륨	70 Yb 이터븀(이테르븀)	71 Lu 루테튬
	악티늄족	→	89 Ac 악티늄	90 Th 토륨	91 Pa 프로트악티늄	92 U 우라늄	93 Np 넵투늄	94 Pu 플루토늄	95 Am 아메리슘	96 Cm 퀴륨	97 Bk 버클륨	98 Cf 캘리포늄	99 Es 아인슈타이늄	100 Fm 페르뮴	101 Md 멘델레븀	102 No 노벨륨	103 Lr 로렌슘

POST SCIENCE/03

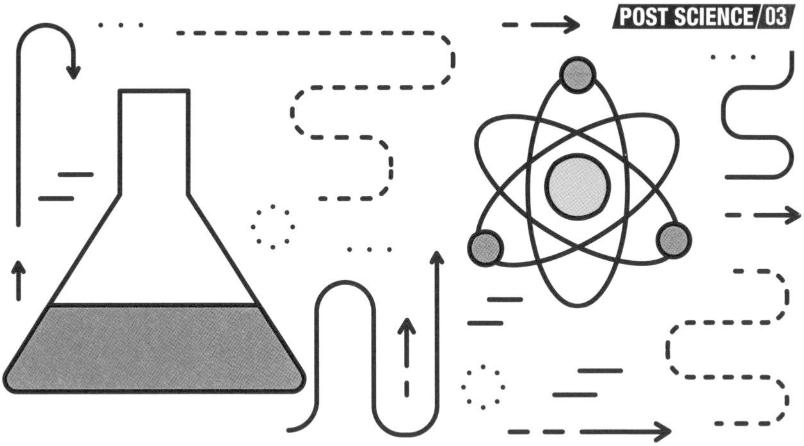

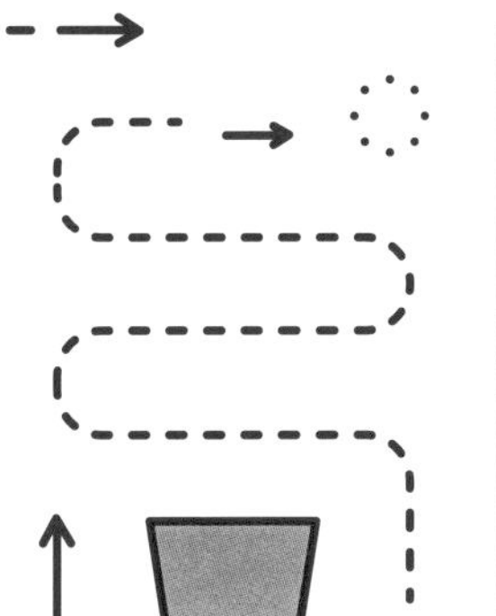

화학을 처음 접하는 이들을 위한

가볍게 읽는 기초화학

사마키 다케오 · 테라다 미츠히로 · 야마다 요이치 지음 | 공영태 · 나성은 옮김

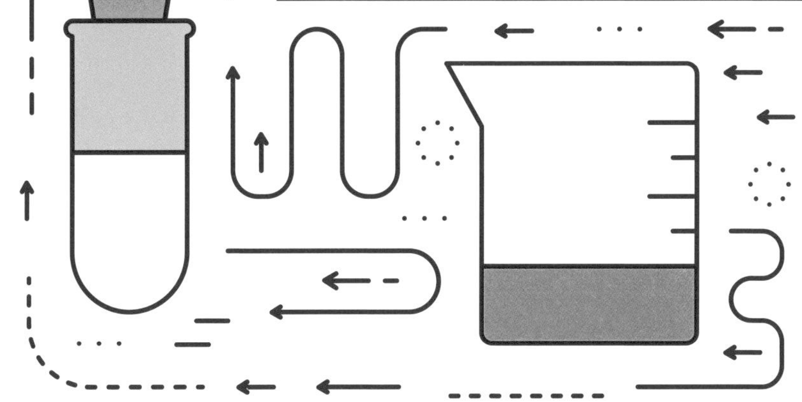

북스힐

POST SCIENCE/03

가볍게 읽는

기초화학

지은이 사마키 다케오 · 테라다 미츠히로 · 야마다 요이치
옮긴이 공영태 · 나성은
펴낸이 조승식
펴낸곳 (주)도서출판 북스힐
등록 제22-457호(1998년 7월 28일)
주소 서울시 강북구 한천로 153길 17
블로그 blog.naver.com/booksgogo
E-mail bookshill@bookshill.com
전화 (02) 994-0071
팩스 (02) 994-0073

초판 1쇄 발행 2019년 7월 25일
초판 6쇄 발행 2023년 8월 25일

값 16,000원
ISBN 979-11-5971-217-3

* 잘못된 책은 구입하신 서점에서 바꿔 드립니다.

역자의 글

화학을 처음 배운 것은 35년 전 고등학교 2학년 때 이과계열을 선택하면서이다. 당시의 대학 학력고사 시험에서 이과계열 학생들은 물리, 화학, 생물, 지구과학 이 네 과목을 다 치러야 했다. 이때까지만 해도 화학에 특별한 관심이 있었던 것은 아니었다.

하지만, 고등학교를 졸업하고 사정이 달라졌다. 대학에서 화학교육을, 대학원 석사과정에서는 분석화학, 일본 박사과정에서는 물리화학을, 또 한국에 돌아와서 두 번째 박사과정에서는 화학교육학을 전공했다. 그리고 현재 교육대학교 학생들에게 화학을 가르치고 있다.

문과계열이 대부분인 교육대학교 학생들을 대상으로 화학을 가르치는 주목적은 하나이다. 화학은 재미있고 어렵지 않다는 것을 일깨우기 위해서이다. 매년 신입생을 대상으로 하는 말이 있다.

"예비 교사인 여러분이 재미있다고 생각해야 여러분에게서 배우는 초등학생들도 재미있다. 교사인 여러분이 어렵다고 생각하면 수업에 대한 자신감이 떨어지고 그것은 화포자(화학포기자)를 만들게 하는 원인이 된다."

또, 오래전 고등학교 화학 수업 첫 시간에 선생님이 말하던 '개그'도 빼놓지 않고 전한다.

"느그들(너희들), 화학이 영어로 머라는지(무엇이라고 하는지) 아나? '캠미스터리(chemistry)'다. 말 그대로 화학이란 캐면 캘수록 미스터리가 나오는 거다.

알것제(알겠지), 자 그럼 화학 수업 시작하자."

일본의 교육 현장을 보면서 부러운 점을 한 가지 이야기하라면 다양하고 좋은 책이 많다는 것이다. 인구가 우리보다 3배 정도 많은 것을 고려하더라도, 일본 서점에 들를 때마다 새로운 관점에서 세상을 바라보는 새로운 형식의 책들을 만나게 된다. 화학 분야도 예외는 아니다.

이번 번역서도 화학의 기초를 다루면서 글로 중요한 점을 설명하고 만화로 요약 · 정리하는 방식으로, 초보 학습자의 자연스러운 반복학습을 돕고 있다. 출판사로부터 번역을 제안 받고 흔쾌히 받아들인 것도 학습의 효과를 충분히 기대하기 때문이다. 우리의 생활은 언제 어디서든 화학이 함께 하고 있다는 것을 발견하는, 그런 기회가 되길 바라며 이 책을 추천한다.

이 책을 읽는 분들께 미리 알리고 싶은 것이 있다. 우선 생소한 화학 용어에 관한 것이다. 예를 들어 '염화 소듐, 염화 포타슘. 이게 뭐지?' 라고 하시는 분들도 계실 텐데. 일반 교양 책과는 달리 전문 용어가 들어가는 일본 화학 책의 번역은 쉽지 않다. 일본의 화학 용어와 우리나라 용어가 상당히 다르기 때문이다. 여기에 그치지 않고 더욱 어렵게 하는 것은 우리나라 화학(원소) 용어는 아직도 트랜스포머(변신) 중에 있다는 것이다.

우리나라의 화학 원소와 화합물의 이름과 기준을 정하는 대한화학회는 1998년 개정을 통하여 우리에게 익숙한 '나트륨'을 '소듐'으로 명명하기로 결정하였고, 현재의 교육과정에서 출판되는 고등학교 교과서에서는 염화 소듐으로 기술하고 있다. 혼돈을 줄이기 위하여 염화 나트륨을 함께 표기하고 있지만, 아마 다음 번 교과서 개정에서는 염화 소듐으로 통일될 것이다.

일본 서적의 경우 우리나라와 달리 세로쓰기를 주로 하기 때문에, 오른쪽 페이지에서 왼쪽 페이지로 내용이 이어지는 구조이다. 만화 또한 오른쪽을 먼저 읽게 되어 있다. 우리 사정에 맞게 그림의 좌우를 편집하는 과정에서 원본과 다르게 주인공이 왼손잡이가 된 것도 이 때문이다.

진주교육대학교 화학교육과

역자 공영태

들어가는 글

우리들은 생활 속에서 다양한 물질들을 이용하면서 살고 있습니다. 금속, 세라믹, 나일론 등의 합성 섬유를 비롯하여 폴리에틸렌과 같은 플라스틱류 등 다양한 물질들이 우리의 생활을 풍요롭고 편리하게 해주고 있습니다.

현재도 고성능 전지, 초강력 섬유, 파인 세라믹(정제한 원료로 만든 고성능 세라믹스) 등, 새로운 물질과 제품들이 끊임없이 만들어지고 있습니다.

이와 같은 물질을 만들어 낼 수 있는 고도의 기술을 갖게 된 것도 실은 물질의 구조와 성질, 반응을 연구하는 화학 분야의 연구가 발전했기에 가능한 것입니다.

하지만 주변 사람들에게 중 · 고등학교 때의 화학 수업이 어땠는지를 물어보면 "별로 재미가 없었다"고 말하는 사람이 적지 않습니다. 그 이유를 물으면 "계산이 복잡하고, 외울 것이 너무 많았다…"라는 대답을 흔하게 듣습니다.

이러한 원인은 무엇 때문일까요? 화학 공부에서 현실적인 지식을 얻지 못하기 때문은 아닐까요? 물질 세계를 풍부한 상상력으로 이해하고 배우지 못하고 있다는 생각도 듭니다. 이 책에서는 화학 공부를 기본부터 응용에 이르기까지 최대한 알기 쉽고 풍부한 이미지로 설명하고자 했습니다.

이 책의 독자층은 짧은 시간에 화학의 기초부터 현대적인 지식까지 알고 싶어하는 비지니스맨, 필요에 의해서 지식을 얻고자 하는 일반인으로 하였습니다. 물론 '화학은 어려워', '화학에 흥미가 없어'라고 생각하는 고등학생이나 대학생이 읽어도 도움이 될 것입니다. 이 책은 여타 책과는 다른 세 가지 특징이 있습니다.

특징 ①
중학교 수준부터 화학의 기본을 그림을 이용하여 알기 쉽게 설명하고 있다.

특징 ②
일상생활이나 비즈니스에서 화학을 기본부터 배우려는 이들을 위하여 꼭 필요한 내용을 골라서 설명하고 있다.

특징 ③
화학식이나 화학 반응식 등 어려워서 포기하고 싶은 곳에는 연습 문제를 통해서 이해를 돕는다.

이 책의 저자 세 명은 중학교, 고등학교의 교과서를 집필하고 있습니다. 또 대학에서는 과학 교사를 꿈꾸는 학생들에게 기초 화학을 가르치면서, 중학교와 고등학교의 실험 지도도 병행하고 있습니다. 사마키 타케오(左巻健男) 씨와 테라다 미츠히로(寺田光宏) 씨는 고등학교에서 화학을 가르친 경험도 있습니다.

일반인 독자들을 위해서는 '특징'에서도 밝힌 것처럼 재미있으면서 유익하고 또한 이해하기 쉽게 책을 썼습니다. 세 사람의 필자가 열심히 적극적으로 의견을 나누며 만든 책이라고 감히 자신할 수 있습니다.

끝으로 귀엽고 이해하기 쉽게 일러스트를 그려준 일러스트레이터의 이노우에 유키히로(井上行広) 씨와 원고와 편집 작업 등에 도움을 주신 과학 서적 편집부의 이시이 켄이치(石井顕一) 씨에게도 감사의 말씀을 전합니다.

목 차

1장

물질이란 무엇일까?

화학에서 주로 다루는 대상은 '물질'이에요.
제1장에서는 '물질이란 무엇일까?' 이 물음에서 시작하여 원소 기호, 원자, 분자, 이온, 질량 보존의 법칙, 화학 반응식 등 물질의 기본에 대해서 살펴볼게요.

1-01 화학은 무엇을 연구하는 학문일까? – 구조, 성질, 화학 반응

화학은 자연 과학의 한 영역으로 **물질의 구조**, **물질의 성질**, **물질의 화학 반응**을 연구하는 학문이에요.

물질의 구조란 쉽게 말해서 '어떤 원자들이 어떻게 결합되어 있는가', '그것들이 입체적으로 어떻게 배치되어 있는가' 하는 것이고, 물질의 성질은 '밀도', '물에 녹을 수 있는가 아닌가', '열을 가하면 어떻게 되는가', '전기를 통하면 어떻게 되는가', '시약을 떨어뜨리면 어떻게 되는가' 등 물질의 각 성질을 말해요. 물질의 화학 반응은 줄여서 '화학 반응'이라고 해요. 어떤 물질이 열이나 전기에 의해서 분해되거나, 물질끼리 서로 원자를 주고 받아서 처음 물질과는 다른 물질이 되는 것이에요. 이 세 가지는 화학 연구의 주요 대상으로, 서로 연관되어 있어요.

그렇다면 화학에서 다루는 물질이란 과연 무엇일까요? 물질은 아무리 작아도 **질량**(**무게**)과 **부피**를 가지고 있어요. 바꾸어 말하면 질량과 부피를 가지고 있는 것이 바로 물질이에요. 무게에는 질량이라는 뜻과 중량[1]이라는 뜻이 있는데, 여기서는 과학 용어로 분명한 뜻을 가진 질량이라는 말을 사용할 거예요.

물질의 질량은 형태가 변하든, 상태가 변하든, 운동하고 있든, 정지하고 있든, 지구에 있든, 달 표면에 있든, 변하지 않는 실질의 양을 말해요.

물질은 그것의 형태와 크기, 사용법, 재료 등에 따라서 구별하고 있는데, 특히 형태와 크기 등 외형에 주목한 경우에는 그것을 **물체**라고 해요. 물체를 이루는 재료가 바로 **물질**이고 물질은 재료에 주목하고 있어요.

---

1 역자 주: 지구가 지구상의 물체에 가하는 중력의 정도.

화학의 연구 대상은 크게 세 가지로 나눠요.
물질의 **구조, 성질, 반응**이에요.
구조
성질
반응
형태나 사용법에 주목
물체
질량과 부피를 갖는다
물체를 만드는 재료에 주목
물질
질량과 부피를 갖는
물체와 **물질**이 어떻게 다른지 알겠어요?
글쎄요 ……
이 비커는
물체로 보면 **비커**지만
물질로 보면 **유리**예요.
물체는 형태나 사용법에,
물질은 만들어진 재료에 주목한다고 이해해 주세요.
네~

1-02 물질의 밀도, 녹는점, 끓는점이란 무엇일까? - 물질은 고체, 액체, 기체 상태를 가진다

물질의 질량을 부피로 나누면 1 cm^3(또는 1 L)와 같이 단위 부피당 질량을 구할 수 있어요. 이것을 **밀도**라고 해요.

$$밀도(g/cm^3) = 질량(g)/부피(cm^3)$$

밀도는 물질의 종류에 따라 다르므로 물질을 구별하는 단서가 돼요. 단위는 (g/cm^3)로 '그램 퍼 세제곱센티미터'라고 읽어요. 흔히 우리가 말하는 '무겁다', '가볍다'에는 다음과 같은 두 가지 뜻이 있어요.

1. 전체 질량이 크다 / 작다
2. 밀도가 크다 / 작다

액체에 여러 가지 물체를 넣어 보면 뜨거나 가라앉는데 그 정도를 밀도로 알 수 있어요. 액체보다 밀도가 작으면 뜨고 크면 가라앉아요. 밀도 1 g/cm^3인 물에 뜨는 물질은 물보다 밀도가 작으며, 물에 가라앉는 물질은 물보다 밀도가 커요. 기체 역시 공기와 비교했을 때 밀도가 작은 기체는 공기 중에 떠요.

물질의 상태는 크게 **고체**, **액체**, **기체** 세 가지로 나눌 수 있어요. 물은 고체 상태에서는 얼음, 액체 상태에서는 물, 기체 상태에서는 수증기예요. 똑같은 물이 세 가지 얼굴을 가지고 있는 거죠. 물뿐만 아니라 거의 모든 물질이 세 가지 상태를 가지고 있어요.

고체가 녹아서 액체로 상태가 변할 때의 온도를 **녹는점**, 액체가 끓기 시작하여 기체로 상태가 변할 때의 온도를 **끓는점**이라고 말해요. **순물질**(화학적 관점에서 일정한 조성을 가지며 물리적인 조작에 의해서 두 종류 이상의 물질로 분리할 수 없는 물질)의 녹는점과 끓는점은 양에 관계없이 물질마다 정해진 온도예요. 따라서 녹는점과 끓는점을 조사하면 그 물질이 무엇인지 알 수 있어요.

고체, 액체, 기체는 어떻게 다를까요?
이 물은 액체죠.
천연수
맞아요. 그것을 냉장고에 넣고 얼리면 고체,
주전자에 넣고 끓이면 기체가 돼요.
그렇군요. 다시 말해서 ……
꽁꽁 얼린 이것이 고체고,
벌컥벌컥 마시는 이것이 액체,
그리고 햇볕에 증발해버린 이것이 기체란 말이죠.
천연수
천연수
천연수
무슨 물을 그렇게 많이 갖고 다니니?
ㅋㅋ ……

1-03 물질은 무엇으로 이루어져 있을까? – 원자의 성질이란?

여러분이 사용하는 컴퓨터는 금속과 플라스틱, 액정 디스플레이 등 모두 **원자**로 이루어져 있어요. 물론 우리 몸 역시 원자로 이루어져 있어요.

원자는 다음과 같은 성질을 가져요.

- 매우 작다.
- 매우 가볍다.
- 화학적인 방법으로 더 이상 분해되지 않는다.
- 같은 종류의 원자는 모두 같은 크기, 같은 질량을 가진다. 종류가 다르면 크기나 질량이 다르다. 원자는 종류에 따라서 질량과 크기가 정해져 있다.
- 다른 종류의 원자로 변하거나, 없어지거나, 새롭게 생성되지 않는다.[2]

지금은 누구나 모든 물질이 원자로 이루어져 있다는 사실을 알고 있지만 예전에는 아니었어요. 원자의 실체가 밝혀지기 이전에 사람들은 물질이 물, 불, 흙, 공기 등으로 구성되어 있다고 생각했답니다.

순수 물질이면서 어떤 방법으로도 두 종류 이상의 물질로 나눠지지 않으며, 또 어떤 두 개 이상의 물질을 화합해도 만들 수 없을 때, 그 순수 물질을 이루는 본래의 물질을 원소라고 정의해요.

원소는 **원자의 종류**를 나타내며 현재 118종류가 있어요.

2 20세기 초 원자가 다른 종류의 원자로 변하는 현상이 발견되었다. 우라늄 원자 등이 방사선을 내면서 다른 종류의 원자로 바뀌는 현상이다. 이 반응을 원자핵 반응이라고 한다. 원자는 일반적인 화학 반응에서는 다른 종류의 원자로 바뀌거나 없어지지 않는다.

① 원자는
더 이상
나눠지지
않아요.
받아라!
얍!
* '화학적 방법으로'
라는 조건이 붙는다
원자
원자
쨍~!
② 원자는
종류에 따라서
질량이나
크기가 정해져
있어요.
구리 원자
철 원자
구리 원자 1개
수소 원자
64개
* 철 원자는 수소 원자 56개와 무게가 같다
과연 철로
금을 만들
수 있을까?
연금술
철
하나,
둘, 셋
얍!
짜잔~!
안타깝게도
철 그대로
예요.
철
짠~!
③ 원자는 화학
변화로는 다른
종류의 물질로
바뀌거나 없어
지거나 새롭게
생성되지
않아요.
1 g은
수소 원자를 6천해 개 모아야
겨우 가능해요.
수소 원자는 그만큼
작고 가벼워요.
수소 원자를 6천해 개
모아야 겨우 1 g
1 g
* 6천해 개 = 600,000,000,000,000,000,000,000개

1-04 순물질과 혼합물은 어떻게 다를까? – 혼합물에서 순수한 물질을 분리한다

일상에서 대부분의 물질은 몇 가지 종류가 섞여 있어요. 예를 들면 공기는 질소, 산소, 아르곤 등이, 식염수는 물과 소금이 혼합되어 있어요.

질소, 산소, 물 등과 같이 단일 물질로 이루어진 것을 **순물질**(순수한 물질)[3]이라고 하고, 공기나 식염수처럼 두 종류 이상의 순물질이 섞여 있는 것을 **혼합물**이라고 해요.

혼합물의 경우 조성이 변하면 성질도 변하기 때문에 화학에서는 대부분 순물질을 대상으로 연구하고 있어요. 혼합물에서 순물질을 분리 혹은 정제하는 방법에는 여러 가지가 있어요. 예를 들면 **여과**, **증류**, **추출**, **재결정**, **크로마토그래피**[4] 등이에요.

그림 1-4 물질의 분리와 정제

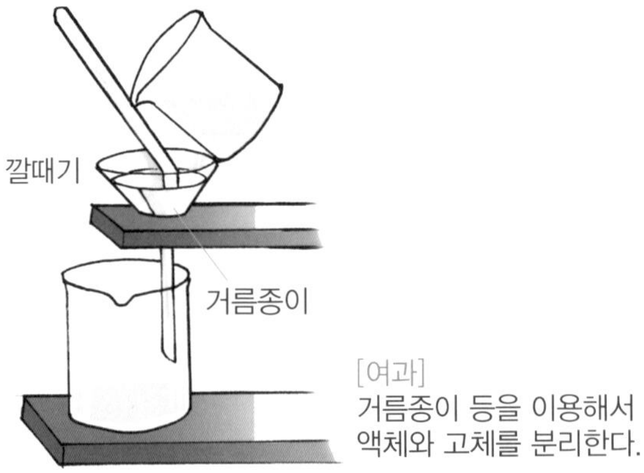

3 역자 주: 한 종류의 원소로만 이루어진 홑원소 물질과 화합물과 같이 두 종류 이상의 원소가 화합하여 일정한 성분비를 이루는 물질을 순물질이라고 한다(물, 암모니아).

4 시료에 포함된 물질들이 갖는 성질의 차이(소수성이나 흡착성 등)를 이용하여 분리하는 방법.

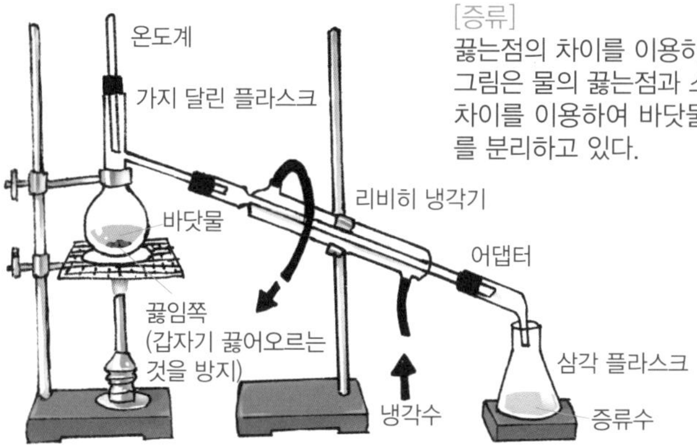

[증류]
끓는점의 차이를 이용하여 분리한다. 그림은 물의 끓는점과 소금의 끓는점 차이를 이용하여 바닷물에서 증류수를 분리하고 있다.

[추출]
분리하려는 물질을 액체에 녹여서 물질의 용해성의 차이를 이용하여 분리한다.
커피, 홍차, 녹차 등은 뜨거운 물을 이용하여 추출하는 예이다.

[재결정]
용해도의 차이를 이용하여 분리한다. 물질을 뜨거운 물에 녹인 다음 식히면, 소량의 불순물은 녹은 상태로 있고 순수한 물질은 결정이 되어 석출된다.

1-05 홑원소 물질과 화합물은 어떻게 다를까? – 화합물은 더 분해된다

● 홑원소 물질과 화합물

물을 전기 분해하면 수소와 산소로 나뉘어요. 물이 분해되어 생긴 수소와 산소는 더 이상 다른 물질로 분해되지 않아요. 이처럼 더 이상 다른 물질로 분해할 수 없는 물질을 **홑원소 물질**이라고 해요.

홑원소에는 수소와 산소 이외에, 탄소, 질소, 철, 은, 구리, 알루미늄, 마그네슘, 나트륨 등 118종류가 있어요.

홑원소 물질이 118종류인 것은 원자의 종류(원소)가 118종류이기 때문이에요. **원자 한 종류로 되어 있는 물질이 바로 홑원소 물질**이에요. 홑원소 물질을 화학적으로 분해할 수 없는 이유는 원자를 화학적으로 분해할 수 없기 때문이에요.

이에 반해서, 두 종류 이상의 원자로 이루어진 물질을 **화합물**이라고 해요. 그래서 화합물은 두 종류 이상의 물질로 다시 분해될 수 있어요.

그림 1-5 물질의 분해

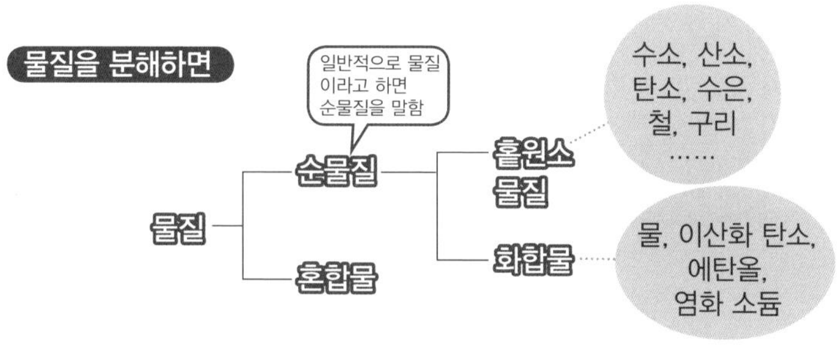

1-06 금속 그룹의 특징은 무엇일까? – 칼슘은 무슨 색

현재 이름이 정해진 118종류의 원자 중에서 약 80 %를 차지하는 **금속 원자**는 서로 많이 모이면 **금속**이라는 물질이 되며, 다음과 같은 특징을 가지고 있어요.[5]

1 금속 광택(금색이나 은색 등의 독특한 광택)을 갖는다.

2 전기나 열을 잘 전달한다.

3 두드리면 펴지고 잡아당기면 늘어난다.

1과 같은 특징 때문에 한눈에도 '이건 금속'이라고 알 수 있어요. 만일 외견으로 판별이 어렵다면 다른 두 가지 성질이 있는지 살펴보면 돼요. 2의 성질은 건전지와 꼬마전구로 만든 간단한 도구로 알아볼 수 있어요. 또 3의 성질은 두드렸을 때 가루가 되지 않으면 금속이에요. 원자의 약 80 %를 차지하는 금속에 대해 아는 것만으로 세상의 꽤 많은 물질을 아는 것이 돼요.

금속의 광택은 금속이 빛의 대부분을 반사하기 때문에 나타나는 성질이에요. 옛날에 사용하던 거울은 금속의 표면을 반짝반짝 닦아서 만들었는데, 그것은 다름 아닌 금속이 빛을 반사하는 성질을 이용한 거예요. 현재의 거울은 유리와 보호재 사이에 아주 얇은 금속 막을 붙여서 빛을 반사시키고 있어요(유리에 은도금). 현재의 거울 역시 금속의 광택을 이용하고 있는 점은 같아요. 다만 옛날 금속 거울은 표면이 공기 중에 노출되어 있기 때문에 녹이 슬어 표면이 흐려지거나 했지만, 지금의 거울은 그런 일이 거의 없다는 차이지요.

5 홑원소 물질인 칼슘도 금속이며 은색을 띠고 있다. 보통 칼슘 하면 백색이 떠오르는데 칼슘 화합물이 백색이기 때문이다.

금속 광택을 갖는 은색의 은단이나 케이크 등에 장식하는 식용 은가루의 표면도 금속이에요. 당연히 전기가 통해요. 아주 얇게 진짜 은을 씌워서 만들어요.

소개할게.
이쪽은
흰토야.
안녕!
잘
부탁해.
네-에?
토끼가
어떻게
말을
…….
자,
이 반지는
백금이야.
금속은
빛나!
반짝 반짝~
금속은
전기나 열을
잘 전달해!
전지
번쩍!
저 반지,
어디서
많이 보던
건데…….
금속은
두드리면
얇게 펴져!
쿵~ 쿵!
야! 그거,
내
반지야!

1-07 원소 기호란 무엇일까?
– 물질은 국제 공통의 기호로 나타낸다

모든 원자는 알파벳 문자 한 개 혹은 두 개로 표기하고 이를 **원소 기호**라고 해요. 원소 기호는 세계 공통으로 사용하고 있어요.

물질 중에는 몇 개의 원자가 결합된 **분자**로 이루어진 것이 있어요. 예를 들면 수소나 산소예요. 수소나 산소는 같은 종류의 원자가 두 개 결합하여 분자를 이루어요. 물 분자는 수소 원자 두 개와 산소 원자 한 개가 결합한 거예요. 이산화 탄소나 에탄올, 사탕 등의 분자 역시 두 종류 이상의 원자가 결합한 거예요.

원소 기호를 사용하면 분자를 이루는 원자의 종류와 수를 확실하게 나타낼 수 있어요(**그림 1-7**). 수소 분자의 모델 (H)(H)의 (H)를 H로 바꾸면 HH가 되는데, 같은 원자를 합친 **개수**를 **오른쪽 밑**에 첨자로 표시하여 H_2라고 적어요. 또 물 분자의 경우 (H)를 H로, (O)를 O로 바꾸면 HOH가 되는데 **같은 원자는 합칠 수 있으므로** H_2O라고 적어요.

●금속을 원소 기호로 나타낼 경우

은이나 철 등의 금속은 많은 원자가 규칙적으로 결합하여 만들어졌기 때문에 분자처럼 확실한 단위가 없어요. 그래서 한 개 한 개의 원자가 단위라고 생각하여 구리는 Cu, 철은 Fe라고 원자 기호 한 개로 나타내요. 금속이 아닌 경우, 예를 들면 탄소는 C, 황은 S라고 같은 방법으로 나타내요.

금속 원소의 원자와 비금속 원소의 원자로 이루어진 물질 역시 분자가 아니에요. 예를 들면 산화 알루미늄은 알루미늄 원자와 산소 원자가 2:3의 비율로 결합한 것으로 Al_2O_3로 나타내는데, Al_2O_3라는 한 덩어리의 분자는 없어요.

● 화학식이란?

수소는 H_2, 물은 H_2O로 이루어져 있어요. H_2와 H_2O는 수소 분자 1개, 물 분자 1개를 나타내며 동시에 수소라는 물질, 물이라는 물질을 나타내요. 이처럼 **물질이 어떤 원자로 이루어졌는지를 원소 기호로 나타낸 것**을 **화학식**이라고 해요.

그림 1-7 물질을 나타내는 기호

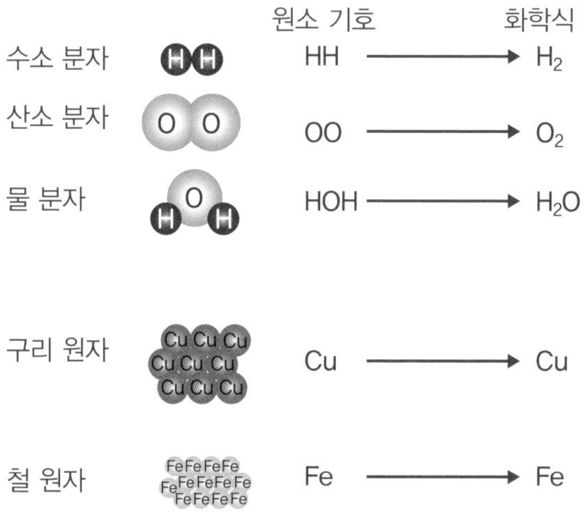

알고 넘어가기 1
– 원자 및 분자의 모델과 화학식을 살펴보자

문제1 **다음 중 ㄱ~ㅁ에 들어갈 알맞은 말을 써 보자.**

수소와 산소, 질소 등의 기체는 각각 (ㄱ)가 2개 결합하여 생긴 (ㄴ)로 이루어져 있다. 물 (ㄷ)는 수소 (ㄹ) 2개와 산소 (ㅁ) 1개로 이루어져 있다.

문제2 **그림 A의 원자 모델을 사용하여 ①~⑤의 분자를 나타내 보자. 또 화학식을 말해 보자.**

① 산소　　② 수소　　③ 질소

④ 물(산소 원자 1개에 수소 원자가 2개 결합. 각도 104.5°)

⑤ 이산화 탄소(탄소 원자 1개에 산소 원자 2개가 결합. 직선형)

그림 A

문제3 **물 분자가 100개 있을 때, 그 안에 수소 원자와 산소 원자는 각각 몇 개 있을까? 그림 B를 참고로 답해 보자.**

그림 B

문제4 **물 분자를 전기 분해하면 수소 분자와 산소 분자로 나뉜다. 100개의 물 분자를 분해했을 때 수소 분자와 산소 분자는 각각 몇 개씩 만들어질까? 그림 C를 참고로 답해 보자.**

그림 C

▶ 해답은 55p

1-08 이온이란 무엇일까? – 이미지는 잘 떠오르지 않지만 상당히 중요

물질은 **원자**, **분자**, **이온**으로 이루어져 있어요. 이 중에서 이미지가 잘 떠오르지 않는 것이 바로 이온일 것 같은데요.

이온은 양전하와 음전하(물질이 띠고 있는 정전기의 양)를 갖는 원자나, 원자의 집단(**원자단**)을 말해요.

원자는 **양전하를 갖는 원자핵**과 **음전하를 갖는 전자**로 이루어져 있어요. 원자나 원자의 집단인 원자단은 양전하 수와 음전하 수가 같아서 전체로 보면 전기적으로 **중성**이에요.

전기적으로 중성인 원자나 원자단의 경우 음전하를 갖는 전자를 잃어버리면 양전하 수가 음전하 수보다 커지기 때문에 양전하를 갖게 돼요. 원자나 원자단이 양전하를 갖는 것이 **양이온**이에요. 반대로 전자를 얻으면 양전하 수가 음전하 수보다 작아지기 때문에 **음이온**이 돼요. 이온은 중성 원자 혹은 원자단이 전자를 얻거나 잃어서 생겨요.

그림 1-8-1 원자의 전자 배치와 이온

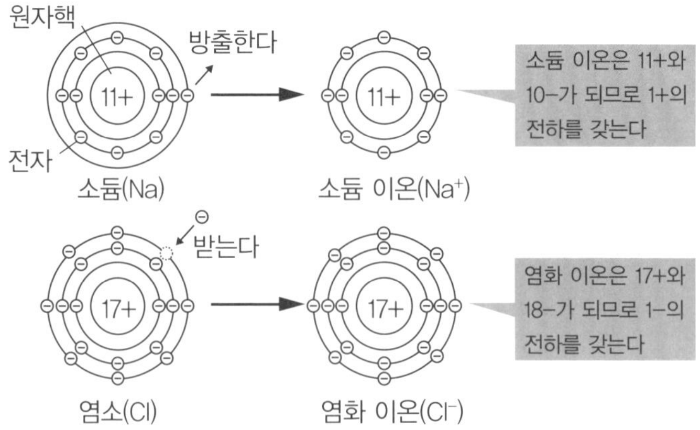

양이온은 원소 이름 뒤에 '이온'이라고 붙이면 되지만, 음이온은 염화 이온, 수산화 이온처럼 원소 이름 뒤에 '**~화 이온**'이라고 불러요. (단, 염소와 산소의 경우에는 '소'를 생략해요.)

전자 따위 필요 없어!
불끈!
그럼, 내가 받을게!
Na
Cl
웬 근육질?!

염화 소듐은 소듐 이온 (Na⁺)과 염화 이온(Cl⁻)으로 이루어져 있어요.
소듐 이온(Na⁺)
염화 이온(Cl⁻)
염화 소듐(NaCl)

염화 소듐은 전해질이고
설탕은 비전해질이에요.
전류가 흐른다 염화 소듐 수용액 (소금물)
전류가 흐르지 않는다 설탕 수용액
소듐 이온
염화 이온
설탕 분자

● 이온으로 이루어진 이온성 물질(이온 결정)

양이온과 음이온이 정전기적 힘으로 서로 끌어당겨서 생긴 물질을 **이온성 물질**이라고 해요. 이온성 물질은 고체 결정으로 이루어져 있어서 **이온 결정**이라고 불러요. 염화 소듐은 소듐 이온과 염화 이온으로 이루어진 결정이에요.

수용액 안에 양이온과 음이온이 있을 경우 전극을 넣어서 전압을 가하면 전류가 흘러요. 전류가 흐르는 수용액에는 염화 소듐 수용액, 염산, 수산화 소듐 수용액 등이 있어요.

염화 소듐처럼 수용액이 전류를 흐르게 하는 물질을 **전해질**이라고 해요. 반대로 전류가 흐르지 않는 수용액은 설탕 수용액, 포도당 수용액, 에탄올 수용액 등이에요. 설탕과 같이 수용액이 전류를 흘려 보내지 않는 물질을 **비전해질**이라고 해요.

그림 1-8-2 **이온 표시법**

원자 또는 원자 집단의 기호 오른쪽 위에 +, − 기호와 함께 받거나 잃어버린 전자의 숫자를 붙여서 표시한다(단, 1은 생략).

[양이온의 예]

H^+	Na^+	Mg^{2+}	K^+	Al^{3+}
수소 이온	소듐 이온	마그네슘 이온	포타슘 이온	알루미늄 이온

[음이온의 예]

Cl^-	OH^-	SO_4^{2-}	CO_3^{2-}
염화 이온	수산화 이온	황산 이온	탄산 이온

- 양이온은 원소 이름 뒤에 이온을 붙인다.
- 음이온은 염화 이온, 수산화 이온처럼 원소 이름 뒤에 '~화 이온'이라고 한다.

알고 넘어가기 2
– 이온 이름과 이온성 물질의 화학식

다음 표에 이온 결정의 화학식(예: NaCl)과 이름(예:염화 소듐)을 모두 써 보자.

양이온 / 음이온	Na^{+}	K^{+}	Mg^{2+}	Ca^{2+}	Al^{3+}
Cl^{-}	NaCl				
	염화 소듐				
OH^{-}					
NO_3^{-}					
SO_4^{2-}					
CO_3^{2-}					

▶ 해답은 56p

1-09 유기물에는 있고 무기물에는 없는 것은 무엇일까? – 탄소가 있고 없음이 결정

유기와 **무기**의 '기'란 무엇인지, 그리고 무엇이 '있고', '없고'를 말하는지 알고 있나요? '유기물'의 '유기'란 다름 아닌 살아 있다, 생명 활동이 있다는 뜻이에요. 그래서 생물을 유기체라고 해요. 설탕, 전분, 단백질, 아세트산(식초 성분), 알코올 등 많은 물질이 유기물과 같은 부류예요. 이러한 유기물(유기 화합물)은 생물이 살아가면서 만들어 낸 물질이에요. 즉 '유기체가 만든 물질'이라고 해서 **유기물**이라고 이름 붙여졌어요.

반면에 **무기물**은 물이나 암석, 금속처럼 생물의 작용 없이 만들어진 물질을 말해요. 유기물은 생물의 생명 활동을 통해서만 만들어진다고 오랫동안 여겨져와서 인공적으로 만드는 것은 불가능하다고 생각했어요. 화학자들의 이러한 생각은 19세기 초반까지 변함이 없었고 유기물이 특별한 물질이라는 것에도 이견이 없었어요.

● 현재, 유기물의 정의는 '탄소 원자 골격'

그러나 1828년 독일의 화학자 프리드리히 뵐러가 무기물에서 유기물인 '요소'를 인공적으로 만들 수 있다는 것을 발견해요. 당시 화학자들은 생명과 관계없는 무기물에서 유기물이 만들어졌다는 것에 큰 충격을 받았어요.

이후 유기물의 구조 등이 알려지면서 현재는 많은 유기물이 실험실이나 공장에서 만들어지고 있어요. 예전에는 인공적으로 만드는 것이 불가능하다고 생각했었지만요. 그래서 지금은 유기물과 무기물의 정의를 '생물의 생명 활동' 등으로 구별할 수 없게 되었어요.

그런데도 유기물은 무기물과 비교했을 때 다양한 특성이 있어서 지금도 유기물이라는 말을 사용하고 있어요. 현재까지 알려진 물질은 5천만 종류가 넘는데 그중에서 90 % 이상이 유기물과 같은 부류예요. 이 중에는 자연계에는 없는 유기물도 많이 있어요. 현재 유기물은 '**탄소 원자를 골격으로 하며 그 외에 수소 원자나 산소 원자 등을 포함한 물질**'로 정의하고 있어요.

유기물을 구우면 숯이 생겨요. 또 유기물을 태우면 이산화 탄소가 나와요. 이러한 변화는 유기물에 탄소 원자가 들어 있는 것을 말해주는 거예요. '**유기물 이외의 물질**'은 무기물이에요.

그림 1-9 자연계 물질의 분류

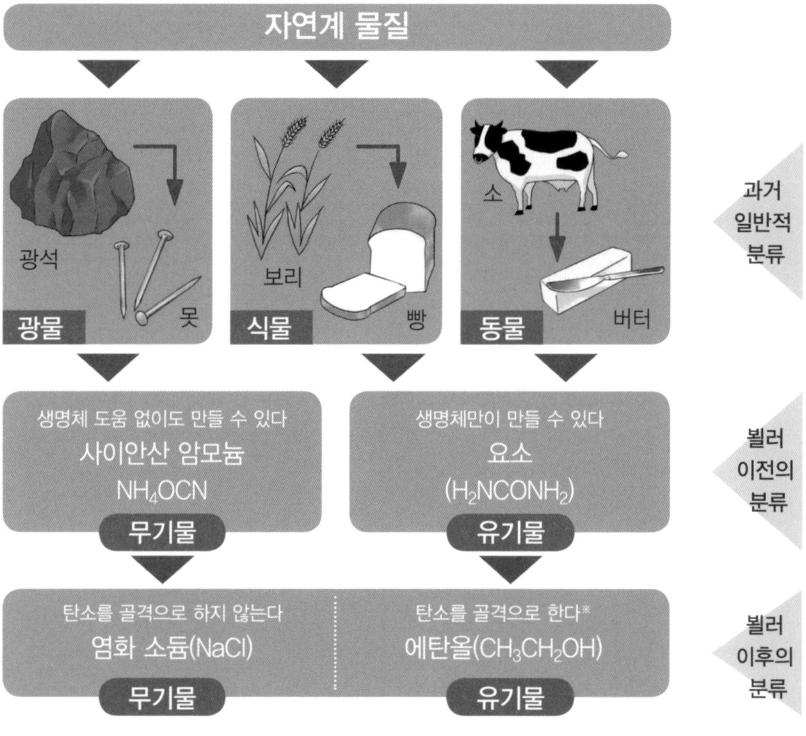

※ 메테인(CH_4)처럼 탄소 원자를 한 개만 갖고 있는 경우에도 탄소 화합물이라고 한다. 단, 일반적으로 일산화 탄소, 이산화 탄소, 탄산 칼슘 등의 탄산염은 무기물로 취급한다.

1-10 물질의 세 가지 상태는 무엇일까? – 고체, 액체, 기체일 때의 분자와 원자의 상태

물질이 고체, 액체, 기체일 때 물질을 이루는 원자나 분자는 어떤 상태로 있을까요? 여기서는 분자로 이루어진 물질에 대해서 생각해 볼게요. 원자로 이루어진 것이나 이온으로 이루어진 것 역시 기본은 같아요.

분자는 서로 끌어당기면서도 활발하게 운동하고 있어요. 이것을 **분자 운동**이라고 해요. 분자 운동은 온도가 높을수록 활발하고 분자 운동이 활발할수록 분자끼리 뿔뿔이 흩어지기 쉬워져요. 분자는 서로 끌어당기면서 함께 있으려고 하거나, 반대로 분자 운동으로 흩어지려고 해요. 물질의 상태는 이러한 균형의 차이로 정해져요.

고체 상태는 분자끼리 끌어당기는 힘이 강한 반면에 분자 운동은 약하기 때문에 규칙적으로 배열되어 있어요. **액체 상태**는 여전히 분자끼리 끌어당기고는 있지만 고체 상태보다 분자 운동이 강해져서 분자 배열이 흐트러져 있어요. 분자는 같은 장소에 있지 않고 여기저기 움직일 수 있어요. 때문에 액체는 다양한 형태의 용기에 넣었을 때 용기 모양의 형태가 돼요. 또 액체 상태는 분자가 움직이는 범위가 고체 상태보다 넓기 때문에 부피도 고체 상태보다 커져요(단, 물의 경우는 예외).

기체 상태에서는 분자끼리 끌어당기는 힘이 없어져서 분자 한 개 한 개가 자유롭게 뿔뿔이 흩어져서 운동해요. 기체 분자는 아주 작기 때문에 눈으로 직접 볼 수는 없어요. 어떤 물질이 기체일 때 그 속의 알갱이는 보이지 않아요. 만일 알갱이가 보인다면 그것은 기체 분자가 아니라 고체나 액체의 알갱이예요.

예를 들면 연기는 미세한 고체 혹은 액체의 알갱이예요. 이 알갱이는 아주 작지만 원자나 분자와 비교하면 상당히 크기 때문에 육안으로 보이는 거예요. 하얗게 보이는 수증기나 구름도 마찬가지예요.

그림 1-10 기체, 액체, 고체란?

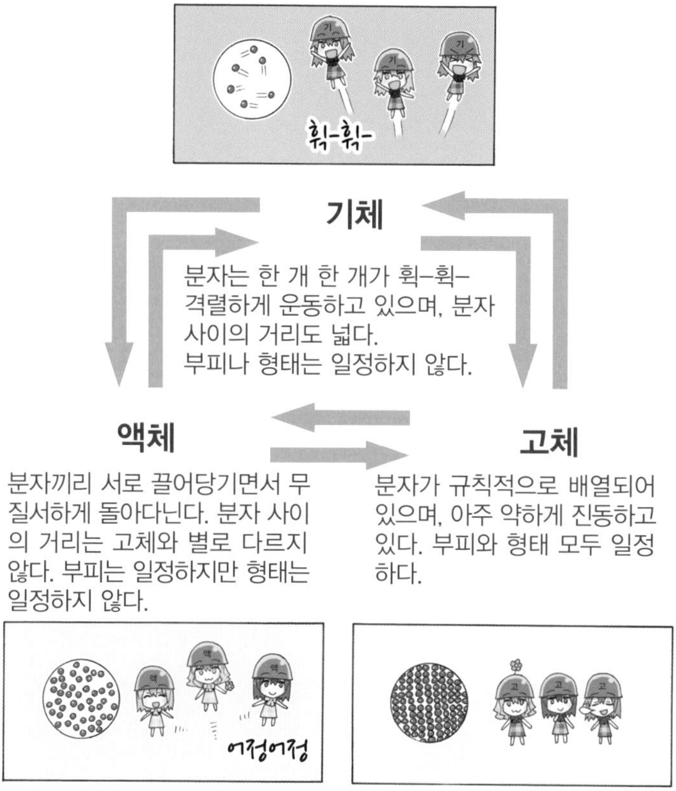
휙-휙-
기체
분자는 한 개 한 개가 휙–휙– 격렬하게 운동하고 있으며, 분자 사이의 거리도 넓다.
부피나 형태는 일정하지 않다.
액체
분자끼리 서로 끌어당기면서 무질서하게 돌아다닌다. 분자 사이의 거리는 고체와 별로 다르지 않다. 부피는 일정하지만 형태는 일정하지 않다.
고체
분자가 규칙적으로 배열되어 있으며, 아주 약하게 진동하고 있다. 부피와 형태 모두 일정하다.
어정어정

1-11 보일의 법칙, 샤를의 법칙이란 무엇일까? – 기체는 압력을 가하면 줄어들고 온도를 높이면 팽창한다

기체의 압력과 부피 사이에는 '**일정한 온도에서 일정량의 기체의 부피(V)는 압력(P)에 반비례한다**'는 관계가 있어요. 이것을 '**보일의 법칙**'이라고 하고 이 관계를 PV=k(k는 일정)로 표시해요.

기체를 팽창시켜서 부피를 2배로 늘리면, 단위 부피에 포함된 기체 분자의 수는 절반이 되고 입자가 기벽(기체 용기의 내부 벽)에 충돌하는 횟수도 줄어들어요. 따라서 온도가 일정한 조건에서는 기체의 압력 역시 절반으로 줄어요.

기체의 부피와 온도 사이에는 '**일정한 압력에서 일정량의 기체의 부피(V)는 온도 t(℃)가 1 ℃ 올라갈 때마다 0 ℃일 때의 부피 V_0의 $\frac{1}{273}$씩 증가한다**'는 관계가 있어요. 이것을 '**샤를의 법칙**'이라고 해요. 온도가 높아지면 기체 분자의 열 운동 속도가 빨라져서 압력이 같을 경우 부피가 증가해요.

샤를의 법칙에 따르면 −273 ℃에서 기체의 부피는 0이 된다고 예상해요. 이 온도를 **절대 영도**라고 해요. 또 섭씨온도와 같은 간격의 눈금을 사용하여 −273 ℃를 0도로 정한 온도를 **절대 온도**라고 하며, 절대 온도의 단위는 기호 K(켈빈)을 사용해요.

절대 영도에서는 분자의 열 운동이 정지해요. 그래서 물질은 이보다 낮은 온도를 나타내지 못해요. 0.1 K 이하의 극저온 영역에서는 **초전도**[6], **초유동**[7] 등 상온에서는 결코 관측할 수 없는 특이한 현상을 볼 수 있어요.

---

6 역자 주: 어떤 종류의 금속 또는 합금을 냉각할 때, 매우 낮은 온도에서 전기 저항이 사라져 전류가 장애 없이 흐르는 현상.

7 역자 주: 극저온에서, 액체 헬륨이 점성을 잃고 모세관 안을 빨리 흐르거나 자유롭게 밖으로 흘러나가는 현상.

절대 온도를 이용하면 **그림 1-11-2**의 그래프는 원점을 지나기 때문에, 이 법칙은 '일정한 압력에서 일정량의 기체의 부피(V)는 절대 온도(T)에 비례한다'는 표현도 가능해요. 절대 온도를 T로 했을 때 이는 $V=k'T$(k'는 일정) 또는 $V/T=k'$로 나타내요.

그림 1-11-1 보일의 법칙

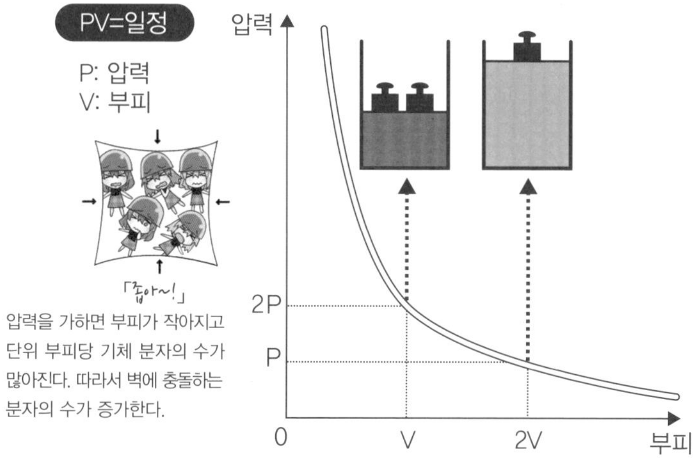

그림 1-11-2 샤를의 법칙

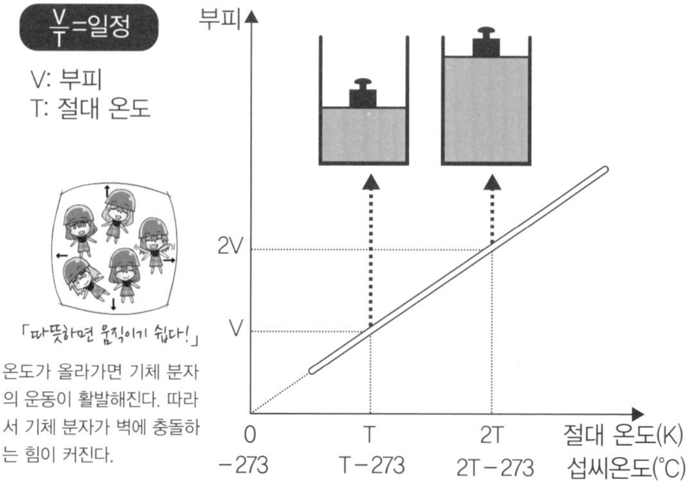

절대 온도 T(K) = 섭씨온도(℃) + 273

1-12 물리 변화와 화학 변화의 차이는 무엇일까?
– 새로운 물질이 생기는 것이 화학 변화

물질이 고체, 액체, 기체로 변하는 것을 **상태 변화**라고 해요. 물이 얼음이나 수증기가 되는 변화예요. 물, 얼음, 수증기도 물 분자 H_2O로 이루어져 있으며, 물 분자의 집합 상태가 다를 뿐 물질 그 자체는 변하지 않아요. 상태 변화와 같이 물질 그 자체는 변하지 않는 것을 **물리적 변화**라고 해요.

한편 수소와 산소가 들어 있는 비닐봉지에 불을 붙이면 큰 폭발음과 함께 물이 생겨요. 이때 처음에 있던 물질은 없어지고 다른 물질이 새롭게 생기는데, 이와 같은 변화를 **화학적 변화** 혹은 **화학 반응**이라고 해요. '반응한다'는 말은 '화학 변화가 일어난다'는 말과 같아요.

우리는 평소에 가스를 사용하여 요리를 하거나 난방을 해요. 가스의 성분은 LP(Liquefied Petroleum, 액화 석유)가스 혹은 도시가스예요. 도시가스는 주로 메테인이 주성분인 천연가스이고, LP가스는 뷰테인이나 프로페인이 주성분이에요. 둘 다 탄소와 수소로 이루어진 탄화수소와 같은 부류예요.

가스는 태웠을 때 탄화수소 중의 탄소는 이산화 탄소가 되고 수소는 물이 돼요. 연소라는 화학 변화가 일어나고 우리는 이때 발생하는 열을 이용하는 거예요.

열이 발생하는 화학 반응을 **발열 반응**이라고 하고, 반대로 주위에서 열을 흡수하는 반응을 **흡열 반응**이라고 해요. 주변의 화학 변화를 보면 발열 반응이 압도적으로 많아요.

그렇다면 발열과 흡열이 어떻게 일어나는지에 대하여 원자나 분자를 이루는 아주 작은 입자를 통해서 살펴볼게요.

이들 원자 혹은 분자 알갱이는 뿔뿔이 흩어질 때 온도가 내려가요(서로 끌어당기고 있는 것을 무리하게 떼어 놓기 위해서는 에너지가 필요한데, 다른 곳에서는 받을 수 없기 때문에 자신의 온도를 낮춰서 공급하는 거예요).

반대로 흩어진 것이 결합할 때는 온도가 올라가요. '합칠 때는 열열! 헤어질 때는 냉냉!' 인간 관계와 비슷하지요.

그림 1-12 발열 반응과 흡열 반응

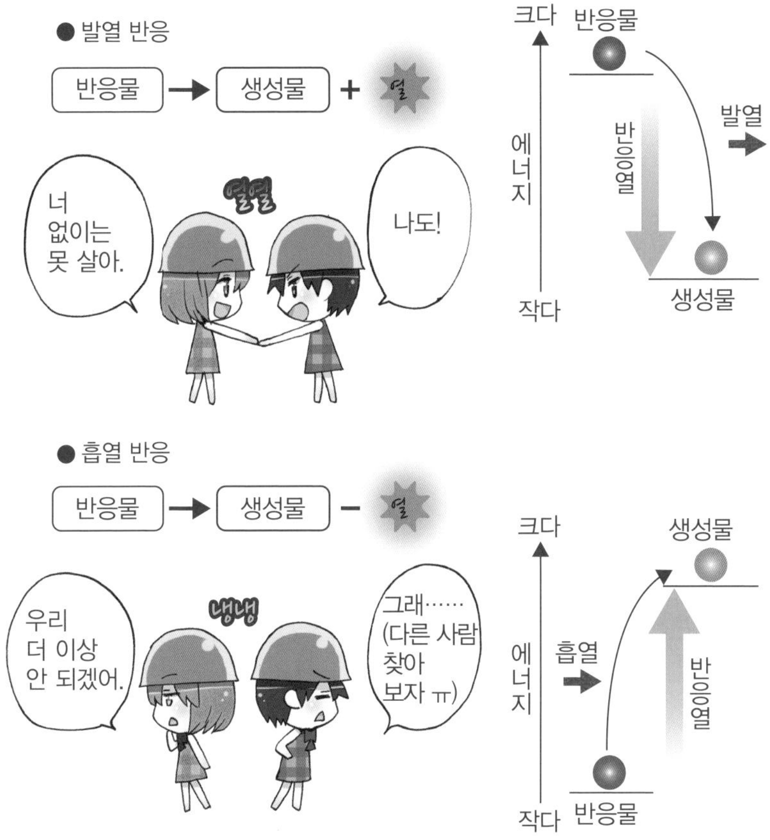

1-13 질량 보존의 법칙이란 무엇일까?
– 화학 변화의 전후에 질량은 변하지 않는다

종이나 나무, 양초 등의 유기물을 공기 중에서 태우면 물질이 타서 없어져서 가벼워져 보여요. 양초가 탈 때는 양초가 산소와 반응하여 이산화 탄소와 물(수증기)이 생겨요. 하지만 강철솜(철)을 공기 중에서 태우면 원래 강철솜보다 무거워져요. 이때는 산화 철이 되기 때문이에요.

두 가지 실험에서 공통적인 것은 공기 중의 산소와 반응한다는 거예요. 이처럼 물질이 산소와 반응하는 것을 **산화**라고 하고, 그 결과 생긴 물질을 **산화물**이라고 해요. 또 열과 빛을 내는 격렬한 산화 현상을 **연소**라고 해요.

밀폐된 공간에서 연소를 시키면 연소 전후에 질량은 변하지 않아요. 화학 변화 전후에 원자의 종류와 수가 변하지 않기 때문에 원자 전체의 질량 역시 그대로예요.

유기물을 연소시켰을 때 가벼워져 보이는 것은 실은 발생한 이산화 탄소나 수증기가 주변으로 빠져나갔기 때문이에요. 반면에 금속을 연소시키면 결합한 산소만큼 무거워져요.

밀폐 용기 안에서 실험하면 화학 변화 전후의 물질 전체의 질량은 변하지 않아요. 이것을 **질량 보존의 법칙**이라고 해요. 화학 변화에서 질량 보존의 법칙이 성립하는 이유는 화학 변화 전후에 물질을 이루는 원자의 조합은 변하지만, 반응에 관계하는 물질 원자의 종류와 수는 변화가 없기 때문이에요. 반응 후 '질량이 증가했다면 그만큼 물질이 결합했다'는 것이고, '질량이 감소했다면 그만큼 물질이 외부로 빠져나갔다'고 할 수 있어요. 질량 보존의 법칙은 화학 변화뿐만 아니라 상태 변화 등 모든 물질 변화에서 성립해요.

그림 1-13-1 연소란 무엇일까?

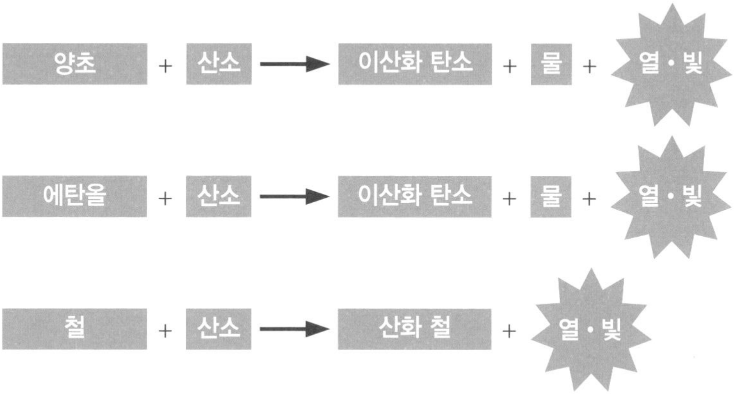

그림 1-13-2 물질의 출입과 질량

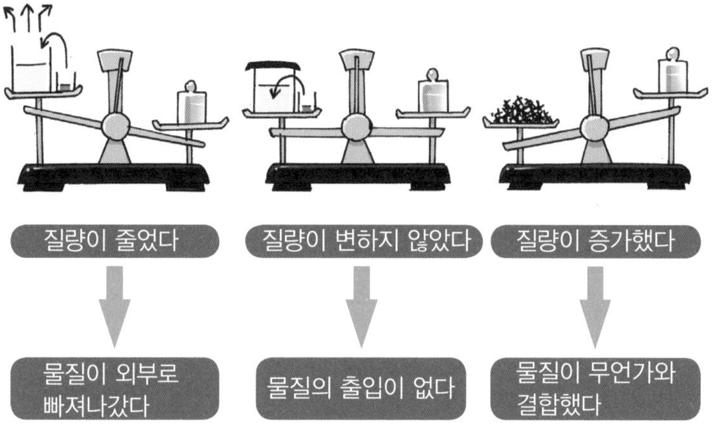

1-14 화학 반응식이란 무엇일까? – 화학 변화를 나타내는 편리한 방법

화학 변화가 일어나는 과정을 화학식과 기호를 이용해 나타낸 것을 **화학 반응식**이라고 해요. 화학 반응식을 사용하면 복잡한 화학 반응과 다양한 화학 변화를 간단하게 나타낼 수 있어서 편리해요. 또 여러 가지 물질의 화학식을 토대로 화학 반응식을 조합하면 발생 가능한 화학 변화를 예상할 수 있어요. 화학 변화를 이용해서 새로운 물질을 만들려고 할 때 재료나 방법의 힌트가 되어 주기도 해요.

화학 반응식을 쓸 때의 규칙은 다음과 같아요.

1. 화살표를 기준으로 처음 있었던 물질(반응물)의 화학식을 왼쪽에 쓰고 반응 결과 생긴 물질(생성물)의 화학식을 오른쪽에 쓴다.
2. 반응 전후 원자의 종류와 개수가 같아지도록 화학식 앞의 계수를 맞춘다. 계수가 1일 때는 쓰지 않는다. 계수는 가장 간단한 정수로 나타낸다.

2에서 왼쪽(반응 전)과 오른쪽(반응 후)의 원자 수가 같도록 계수를 붙이는 이유는 **질량 보존의 법칙에 의해서 화학 반응이 일어나는 동안 원자가 변하지 않기 때문**이에요.

예를 들어 수소와 산소가 반응하여(수소의 연소) 물이 생기는 화학 반응식을 써 볼게요.

1. 화살표를 기준으로 반응 전의 물질을 왼쪽에, 반응 후의 물질을 오른쪽에 쓴다.
   수소 + 산소 → 물
2. 반응물과 생성물을 화학식으로 나타낸다.

$H_2 + O_2 \rightarrow H_2O$

좌우에 H의 수는 같지만 O의 수는 같지 않다.

3 화살표 좌우에 O의 수가 같도록 H_2O를 1개 추가한다.

$H_2 + O_2 \rightarrow H_2O$

H_2O

O의 수는 같아졌는데 이번에는 H의 수가 같지 않다.

4 화살표 좌우에 H의 수가 같도록 H_2를 1개 추가한다.

$H_2 + O_2 \rightarrow H_2O$

H_2 H_2O

이렇게 하면 좌우의 원자 수가 같아진다.

5 수소 분자 2개는 $2H_2$, 물 분자 2개는 $2H_2O$로 나타낼 수 있으므로 화학 반응식은 다음과 같다.

$2H_2 + O_2 \rightarrow 2H_2O$

왜 '='를 안 쓰고 '→'를 사용해요?
「=」? 「→」?
물질은 반응 전과 반응 후에 다른 물질로 변하기 때문에, 반응 전과 반응 후를 분명하게 표시하기 위해서예요.

'='를 쓰면 틀리나요?
「=」? 「→」?
반응 전후가 변하지 않은 것을 나타낼 때는 '='를 사용할 수 있어요. 예를 들면 열화학 반응식※인 경우예요.

※ 열량의 출입을 함께 표시한 화학 반응식. 반응물과 생성물의 양쪽을 '='로 연결하고, 주목하는 물질의 계수를 1로 나타낸다.

그림 1-14 메테인(천연가스의 주성분) 연소의 화학 반응식

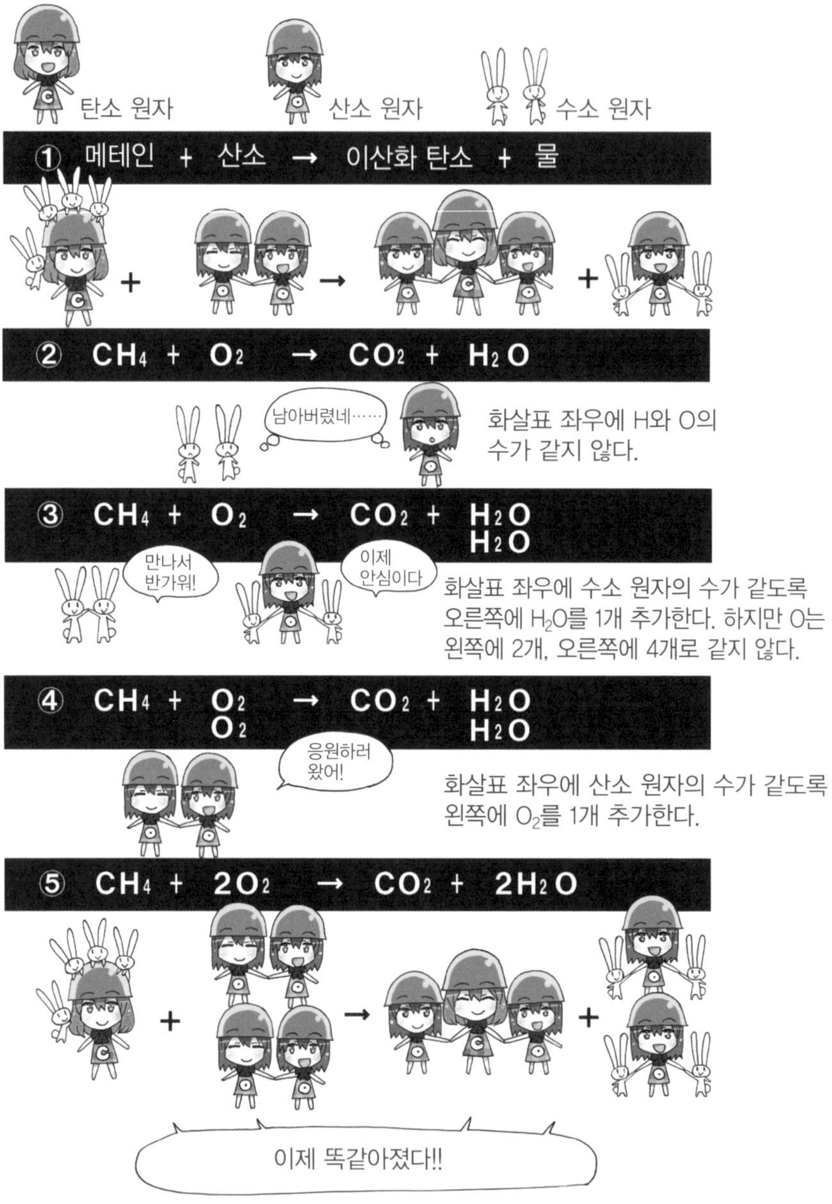
탄소 원자
산소 원자
수소 원자
① 메테인 + 산소 → 이산화 탄소 + 물
② CH_4 + O_2 → CO_2 + H_2O
남아버렸네……
화살표 좌우에 H와 O의 수가 같지 않다.
③ CH_4 + O_2 → CO_2 + H_2O H_2O
만나서 반가워!
이제 안심이다
화살표 좌우에 수소 원자의 수가 같도록 오른쪽에 H_2O를 1개 추가한다. 하지만 O는 왼쪽에 2개, 오른쪽에 4개로 같지 않다.
④ CH_4 + O_2 O_2 → CO_2 + H_2O H_2O
응원하러 왔어!
화살표 좌우에 산소 원자의 수가 같도록 왼쪽에 O_2를 1개 추가한다.
⑤ CH_4 + $2O_2$ → CO_2 + $2H_2O$
이제 똑같아졌다!!

알고 넘어가기 3
– 화학 반응식을 써 보자

다음 반응의 화학 반응식을 써 보자.

문제1 에탄올(C_2H_6O)의 연소
힌트: 이산화 탄소와 물이 생성

문제2 메탄올(CH_4O)의 연소
힌트: 이산화 탄소와 물이 생성

문제3 마그네슘의 연소
힌트: +2가의 마그네슘 이온과 −2가의 산화 이온에서 생긴 물질이 생성

문제4 알루미늄의 연소
힌트: +3가의 알루미늄 이온과 −2가의 산화 이온에서 생긴 물질이 생성

문제5 아연과 염산의 반응
힌트: 염화 아연(+2가의 아연 이온과 −1가의 염화 이온에서 생긴 물질)과 수소가 생성

문제6 탄산 칼슘과 염산의 반응
힌트: 염화 칼슘(+2가의 칼슘 이온과 −1가의 염화 이온에서 생긴 물질)과 물과 이산화 탄소가 생성

▶ 해답은 57p

화학 반응식에 익숙해질 때까지 **우리말로 써 보는 것도 요령**이에요.
음~, 용어가 어려워요……
용어부터 공부해 보자.
네 ♡
뭐였지?!
쓰는 것도 쉽지 않네……
아… 아…
잘 좀 하자
천천히!

1-15 산화와 환원이란 무엇일까? – 산화와 환원은 산소가 없어도 발생한다

마그네슘(Mg)이 연소하면 백색의 산화 마그네슘(MgO)이 생겨요. 이처럼 어떤 물질이 산소와 결합했을 때 '물질이 산화되었다'고 하고 그 변화를 **산화**라고 해요. 그런데 산화 구리와 탄소가 반응하면 구리와 이산화 탄소가 생겨요. 이처럼 어떤 물질이 산소를 잃어버릴 때 '물질이 환원되었다'고 하고 그 변화를 **환원**이라고 해요.

상대를 산화시키는 물질(자신은 환원됨)은 **산화제**, 상대를 환원시키는 물질(자신은 산화됨)은 **환원제**라고 해요. 산화 구리와 탄소의 반응에서는 산화 구리가 산화제, 탄소가 환원제예요.

● 산화 · 환원과 전자의 주고 받음

마그네슘(Mg)과 산소가 반응하면 산화 마그네슘 MgO이 만들어져요. MgO는 Mg^{2+}와 O^{2-}로 이루어지므로 마그네슘 원자는 산소 원자에 전자 2개를 주고 있어요. 이처럼 어떤 원자가 산화되었을 때는 전자(e^-)를 잃게 돼요.

염산에 마그네슘을 넣으면 수소 가스를 내면서 녹아요. 이때 마그네슘 원자는 전자 2개를 염산에 주고 마그네슘 이온 Mg^{2+}이 돼요.

Mg에 주목했을 때 어떤 반응에서나 전자를 상대에게 주고(잃고) Mg^{2+}가 되는 것은 같아요. 보통 **원자가 전자를 잃을 때 '그 원자는 산화되었다'**고 해요.

한편, 마그네슘과 산소 혹은 염산과의 반응에서 산소 원자 및 수소 원자는 각각 전자를 받아들여서 산화 이온 O^{2-} 내지는 수소 분자 H_2가 돼요. 보통 **원자가 전자를 받아들일 때 '그 원자는 환원되었다'**고 해요.

반응에서 어떤 원자가 전자를 잃으면 그 전자를 받는 원자가 있어요.

따라서 산화와 환원은 짝이 되어 동시에 일어나요. 산화와 환원이 일어나는 반응을 **산화 환원 반응**이라고 해요. 전자의 이동을 중심으로 산화와 환원을 정의하면 산소의 주고 받음으로 정의하는 것보다 적용 범위가 넓어져요.

그림 1-15-1 산화의 경우는 전자를 잃는다

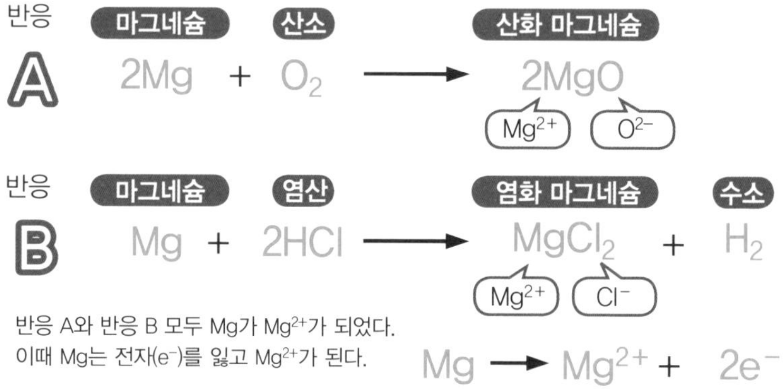

그림 1-15-2 산화와 환원은 동시에 일어난다

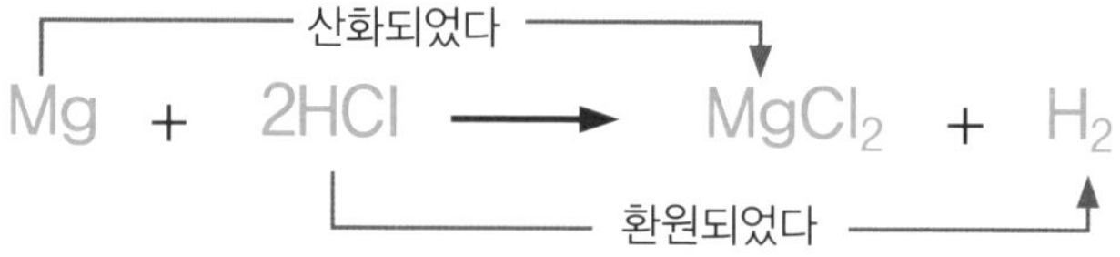

1-16 산성과 염기성(알칼리성)이란 무엇일까?
– 산성의 세기는 pH로 나타낸다

● 산성 수용액

식초나 레몬 등은 신맛이 나요. 신맛이 나는 것은 모두 **산**을 갖고 있으며, 산에는 염산, 황산, 아세트산, 구연산 등이 있어요.

식초에는 아세트산, 레몬에는 구연산이 들어 있어요. 이들 수용액은 신맛이 나며, 마그네슘, 아연, 철 등의 금속을 녹이거나 청색의 리트머스 종이를 붉은색으로 변하게 하는 공통된 성질이 있어요.

이와 같은 수용액의 공통된 성질을 **산성**이라고 해요. 모든 산에는 **녹으면 수소 이온 H^+이 되는 수소 원자**를 갖고 있어요. 예를 들면 염산은 HCl, 황산은 H_2SO_4라는 화학식으로 맨 앞의 H는 물속에서 이온화되어 수소 이온이 돼요.

다시 말해서 **산은 물에 녹아서 수소 이온 H^+을 방출하는 물질**이에요. 산성은 수소 이온 H^+에 의해서 나타나요.

● 염기성(알칼리성) 수용액

수산화 소듐(NaOH), 수산화 포타슘(KOH) 등의 염기성(알칼리성) 수용액은 붉은색의 리트머스 종이를 청색으로 변하게 하거나 산과 반응하여 그 성질을 없애는(중화) 공통된 성질이 있어요.

이와 같은 성질을 **염기성(알칼리성)**이라고 해요. **염기는 물에 녹아서 수산화 이온 OH^-을 방출하는 물질**이에요. 염기성은 수산화 이온 OH^-에 의해서 나타나요.

● 산성과 염기성의 세기를 나타내는 기준 'pH'

pH는 산성의 세기를 나타내는 지표예요. 수용액 속의 수소 이온 농도에 따라 값이 정해져요.

pH는 0~14까지 있으며, **중성이** 7이고, **7보다 작으면 산성, 크면 염기성**이에요. 7보다 작을수록 산성은 강해져요. pH가 1 커질 때마다 수용액 속 수소 이온의 수는 10분의 1이 되고, pH가 1 작아지면 10배가 돼요. 예를 들어 pH3은 중성의 pH7보다 10×10×10×10배, 즉, 1만 배나 수소 이온의 수가 많아요.

그림 1-16 생활 속 수용액의 pH

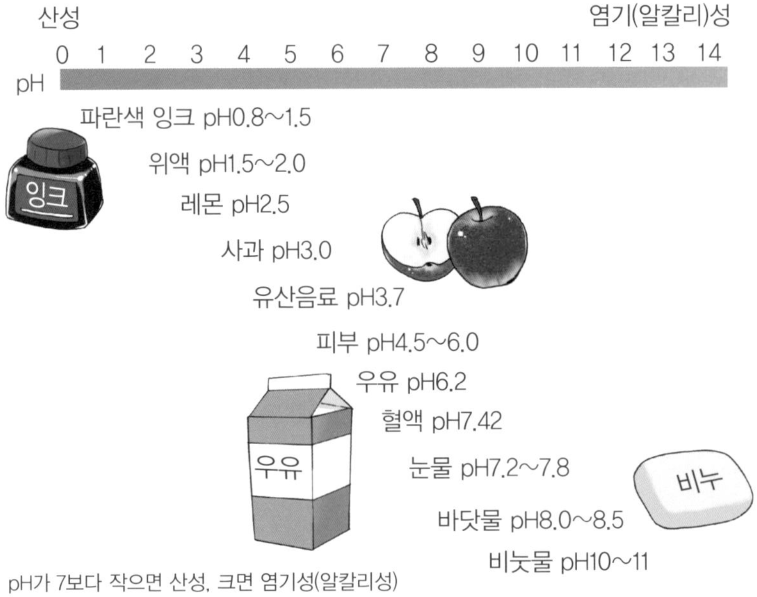

pH가 7보다 작으면 산성, 크면 염기성(알칼리성)

1-17 중화(반응)란 무엇일까?
– 물과 염이 생긴다

산과 염기가 반응하면 서로의 성질을 없애는데, 이를 **중화**(혹은 **중화 반응**)라고 해요. 산성의 원인인 수소 이온도 염기성의 원인인 수산화 이온도 없어지기 때문에 양쪽 성질이 나타나지 않아요. 수소 이온과 수산화 이온은 결합하여 물이 돼요. 중화란 산의 수소 이온과 염기의 수산화 이온이 만나서 물이 생기는 반응이라고 할 수 있어요.

염산(HCl)과 수산화 소듐(NaOH) 수용액의 중화를 예로 들어 볼게요. H^+와 OH^-는 결합하여 H_2O가 되는데 Na^+와 Cl^-은 흩어진(이온화된) 채로 있어요. 다시 말해서 염화 소듐 수용액이 생기는데 **반응한 것은 실질적으로 H^+와 OH^-뿐**이에요. 물을 증발시키면 염화 소듐 결정을 얻을 수 있어요. 이온 반응식에서는 Na^+와 Cl^-가 흩어진 채 있지만 화학 반응식은 다음과 같이 나타내요.

$$HCl + NaOH \rightarrow NaCl + H_2O$$

염산 + 수산화 소듐 → 염화 소듐 + 물

중화 반응에서는 반드시 '물'이 생기는데, 물 외에 산의 음이온과 염기의 양이온이 만나서 이루어진 물질 **'염'**[8]이 생기기도 해요.

산 + 염기 → 염 + 물

---

[8] 역자 주: 산의 음이온과 염기의 양이온이 정전기적 인력으로 결합하고 있는 이온성 물질인 화합물을 말한다. 소금과 구별이 필요하다.

염산과 수산화 소듐을 중화시키면 염화 소듐(NaCl)이라는 염이 생겨요. 산의 종류와 염기의 종류가 다르면 생기는 염도 달라져요. 산성을 약화시키는 것은 OH^-를 갖는 염기뿐만 아니라, 산의 수소 이온 H^+를 없앨 수 있는 것 모두가 산성을 약화시킬 수 있어요.

예를 들어 탄산 칼슘은 염산 및 황산 등의 산성 수용액에 넣었을 때, 이산화 탄소를 발생하면서 녹는데 이때 산의 수소 이온이 없어져요.

그림 1-17 염산과 수산화 소듐 수용액과의 중화 반응

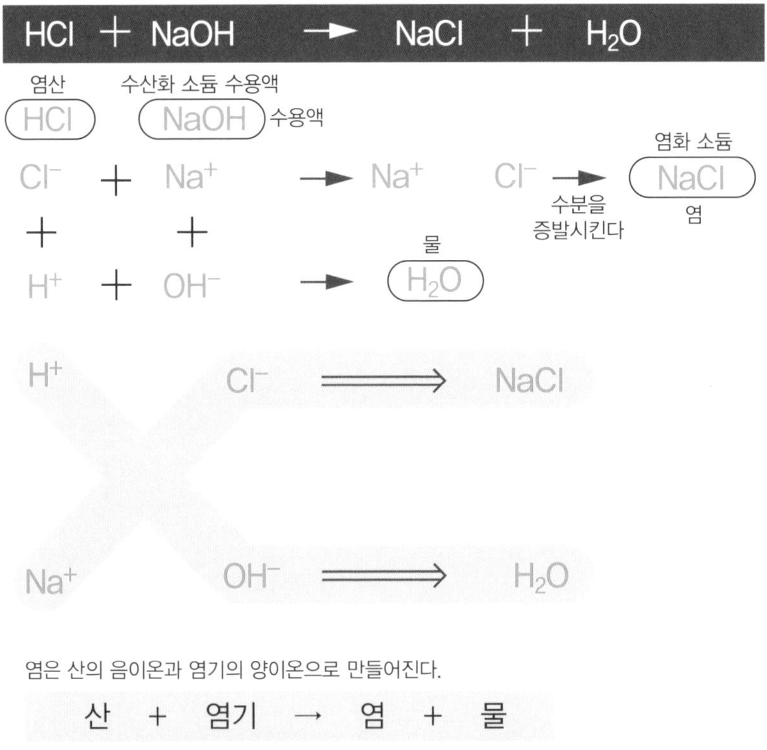

Column

물질에 따라 녹는점과 끓는점은 왜 다를까?
– 입자끼리 결합이 강할수록 녹는점과 끓는점이 높다

녹는점은 고체 상태에서 액체 상태가 될 때의 온도예요. 입자끼리 결합이 강할수록 결합을 약화시키려면 높은 온도가 필요해요. 즉, 녹는점이 높다는 것은 입자끼리의 결합이 강하다는 거예요.

액체가 끓기 시작해서 기체가 될 때, 액체 내부에서는 입자끼리 결합이 끊어져서 각각 흩어지게 돼요. 액체일 때 입자끼리의 결합이 강할수록 온도를 높이지 않으면 끓어지지 않아요. 결국 끓는점이 높다는 것은 입자끼리의 결합이 강하다는 거예요. 다음 그림은 철(Fe)의 상태 변화를 나타낸 것인데 실온(25 ℃)에서는 고체, 2000 ℃에서는 액체, 3000 ℃에서는 기체가 돼요.

그림 철(Fe)의 상태 변화

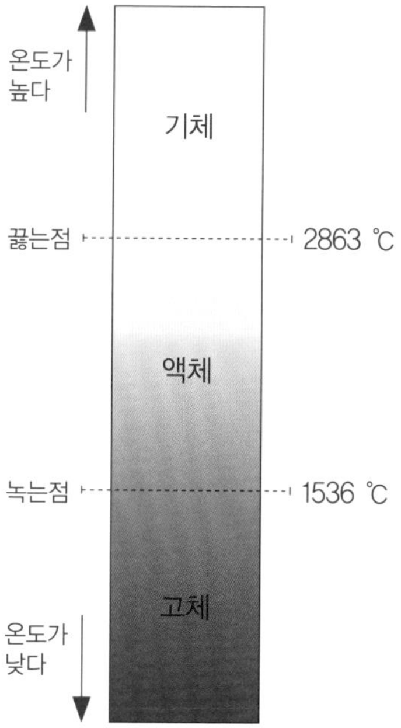

표 여러 가지 물질의 녹는점과 끓는점

물질	녹는점	끓는점
산소	−218 ℃	−183 ℃
수소	−259 ℃	−253 ℃
질소	−210 ℃	−196 ℃
알루미늄	660 ℃	2520 ℃
금	1064 ℃	2857 ℃
은	962 ℃	2162 ℃
철	1536 ℃	2863 ℃
구리	1085 ℃	2571 ℃
암모니아	−78 ℃	−33 ℃
에탄올	−115 ℃	78 ℃
염화 소듐	801 ℃	1485 ℃
나프탈렌	81 ℃	218 ℃
산화 마그네슘	2800 ℃	3600 ℃
수은	−39 ℃	357 ℃

※ 1기압일 때

Column

석유와 원유는 어떻게 다를까?
– 석유는 원유를 증류한 것

석유라고 했을 때 무색의 액체를 떠올리는 사람은 평소에 석유를 등유의 의미로 사용하고 있어서일 거예요. 석유 스토브의 석유는 등유를 의미해요.

유전에서 뽑은 석유는 산출 지역에 따라서 품질이 다르고 색도 여러 가지예요. 무색, 녹색, 적갈색, 칠흑 같은 색도 있어요. 밀도 역시 0.7~0.5 g/cm^{3}로 물보다 작은데 드물지만 물에 가라 앉는 것도 있어요. 또 습기 없이 보슬보슬한 것도 있고 끈적이는 것도 있어요.

이것을 일정한 품질 규격이 있는 등유와 같은 의미로 쓰이는 석유와 구별하기 위해서 **원유**라고 할 때가 많아요. 그래서 석유라고 할 때는 등유인지 원유인지 구별할 필요가 있어요.

원유는 탄화수소(탄소 원자와 수소 원자가 결합한 물질)의 혼합물이에요. 원유는 증류시키는 끓는점에 따라서 석유 가스, 나프타, 등유, 경유 등으로 나누어요.

끓는점이 35 ℃ 미만인 석유 가스, 35 ℃ 이상~180 ℃ 미만인 휘발유와 나프타, 170 ℃ 이상~250 ℃ 미만인 등유, 240 ℃ 이상~350 ℃ 미만인 경유와 중유, 그리고 나머지는 잔유예요.

석유 가스는 가압 액화하여 연료(액화 석유 가스: LPG)로 사용해요. 나프타의 대부분은 가솔린으로 자동차 연료에 사용되고 일부는 석유 화학 공업의 원료로 합성수지, 합성 섬유, 합성 고무, 도료, 합성 세제 등으로 만들어져요. 등유나 경유는 가정용 연료, 제트기, 디젤 엔진용 연료로 이용돼요. 잔유는 윤활유 혹은 아스팔트의 원료가 돼요.

Column

물질이 탄다(연소한다)는 것은 무슨 뜻일까?
– 물질이 산소와 반응하는 것

물질이 탄다(연소)는 것은 '물질이 열과 빛을 내면서 산소와 격렬하게 반응한다'는 뜻이에요. 여기에서 산소는 산소 원자 2개로 이루어진 산소 분자가 흩어져서 휙–휙– 날아다니는 기체 상태의 산소(O_2)를 말해요. 산소는 공기 중에 약 21 %를 차지해요.

산소(O_2)는 다른 물질과 결합하여 산화물을 만드는 성질이 있어요. 이때 열을 내는데 물질에 따라서 많은 열이 발생하고 육안으로 빛을 볼 수 있기도 해요. 이 물질이 바로 **연료**예요.

우리는 평소에 탄소나 수소로 이루어진 물질(유기물)을 연료로 사용하고 있어요. 목재, 석유, 천연가스(메테인), 프로페인(프로판) 가스 등이에요. 목재를 예로 들면 목재의 유기물은 태양광 에너지를 받아 이산화 탄소와 물에서 만들어져요. 이때 발생하는 것이 산소(O_2)예요. 말하자면 목재는 '**태양광 에너지를 가득 담은 통**'인 셈이지요.

태양 에너지
↓
이산화 탄소 + 물
↓
유기물 + 산소

목재를 태우는 것은 이와는 반대로 에너지를 내놓는 거예요. 에너지는 열과 빛으로 나오고 우리는 이것을 생활에 이용하고 있어요.

Column

일본의 아가츠마(吾妻)강에 매일 석회를 뿌리는 이유 – 산성이 강한 강물을 중화시키다

일본의 군마(群馬)현에 시라네(白根)화산 근처를 흐르는 아가츠마강은 강한 황산(H_2SO_4)으로 인해서 물고기는 물론이고 식물도 살지 못해서 '독물'이라 불렸어요. 철이나 콘크리트로 다리를 만들어도 강한 산성 탓에 쉽게 부서져 버렸는데, 15 cm 길이의 못이 10일만에 녹을 정도였으니 쉽게 짐작이 가죠.

아가츠마강이 강한 산성인 원인은 세 곳의 지류에서 찾을 수 있었어요. 그래서 현재 그곳에는 물에 녹인 석회석 분말을 매일 투입하고 있어요. 석회석의 주성분은 탄산 칼슘($CaCO_3$)이에요. 석회석은 가격이 싸기 때문에 산성을 약화시킬 때 자주 사용해요. 예를 들면 분말로 만든 석회석은 산성비로 산성화된 호수에 뿌려져요. 또 석회석을 가열해서 만든 생석회(CaO: 산화 칼슘)는 산성화된 토양을 개량하는 데 사용하기도 해요.

아가츠마강에 투입되는 양은 평균 50~70톤/1일, 많을 때는 90톤/1일이에요. 덕분에 아가츠마강은 강한 산성이 약화되어서 농업용수로 사용되고 있어요.

참고로 황산(H_2SO_4)과 탄산 칼슘($CaCO_3$)이 반응하면 황산 칼슘($CaSO_4$)과 물(H_2O), 이산화 탄소(CO_2)가 생겨요. 황산 칼슘($CaSO_4$)은 물에 잘 녹지 않는 백색 고체로 흔히 석고라고 불려요.

알고 넘어가기 1
해답

문제1 **ㄱ: 원자 ㄴ: 분자 ㄷ: 분자 ㄹ: 원자 ㅁ: 원자**

【해설】 물질은 모두 원자로 이루어져 있어요. 수소, 산소, 질소 등의 기체는 각각의 원자가 2개 결합한 분자로 이루어져 있어요.

문제2

【해설】 흔히 산소, 수소, 질소라고 하면 산소 분자, 수소 분자, 질소 분자를 의미해요.

문제3 **수소 원자: 200개, 산소 원자: 100개**

【해설】 물 분자 1개당 수소 원자는 2개, 산소 원자는 1개 있어요. 따라서 물 분자가 100개 있으면 그 안에 수소 원자는 물 분자의 2배인 200개예요. 산소 원자는 물 분자와 마찬가지로 100개예요.

문제4 **수소 분자: 100개, 산소 분자 50개**

【해설】 물 분자를 2개 분해하면 수소 분자 2개와 산소 분자 1개가 생겨요. 물 분자를 4개 분해하면 수소 분자 4개와 산소 분자 2개가 생겨요. 물 분자를 6개 분해하면 수소 분자 6개와 산소 분자 3개가 생겨요. 이렇게 계산했을 때 물 분자를 100개 분해하면 수소 분자 100개와 산소 분자 50개가 생기는 것을 쉽게 알 수 있어요.

알고 넘어가기 2

해답

음이온 \ 양이온	Na^+	K^+	Mg^{2+}	Ca^{2+}	Al^{3+}
Cl^-	$NaCl$	KCl	$MgCl_2$	$CaCl_2$	$AlCl_3$
	염화 소듐	염화 포타슘	염화 마그네슘	염화 칼슘	염화 알루미늄
OH^-	$NaOH$	KOH	$Mg(OH)_2$	$Ca(OH)_2$	$Al(OH)_3$
	수산화 소듐	수산화 포타슘	수산화 마그네슘	수산화 칼슘	수산화 알루미늄
NO_3^-	$NaNO_3$	KNO_3	$Mg(NO_3)_2$	$Ca(NO_3)_2$	$Al(NO_3)_3$
	질산 소듐	질산 포타슘	질산 마그네슘	질산 칼슘	질산 알루미늄
SO_4^{2-}	Na_2SO_4	K_2SO_4	$MgSO_4$	$CaSO_4$	$Al_2(SO_4)_3$
	황산 소듐	황산 포타슘	황산 마그네슘	황산 칼슘	황산 알루미늄
CO_3^{2-}	Na_2CO_3	K_2CO_3	$MgCO_3$	$CaCO_3$	$Al_2(CO_3)_3$
	탄산 소듐	탄산 포타슘	탄산 마그네슘	탄산 칼슘	탄산 알루미늄

알고 넘어가기 3
해답

화살표 왼쪽에 반응물(처음 있었던 물질, 즉 반응 전)을 쓰는데, 산소를 꼭 써야 하는 것을 잊지 마세요. 왜냐하면 유기물이 연소하면서 이산화 탄소와 물이 생성되고, 마그네슘이나 알루미늄 분말에 불을 붙이면 역시 격렬하게 연소하여 산화물이 되기 때문이에요. 화살표 오른쪽에는 생성물(생성된 물질, 즉 반응 후)을 써요.

화학 반응식이 익숙하지 않다면 다음과 같은 방법을 추천해요.

1 우선 우리말로 써 봐요.

예) 에탄올 + 산소 → 이산화 탄소 + 물

2 우리말 아래에 화학식을 써요.

$C_2H_6O + O_2 \rightarrow CO_2 + H_2O$

3 반응 전후의 원자 수를 체크해요.

탄소: 반응 전은 2개, 반응 후는 1개

수소: 반응 전은 6개, 반응 후는 2개

산소: 반응 전은 3개, 반응 후는 3개

4 화살표 좌우에 원자 수가 같지 않으므로 그중에서 가장 다른 것에 영향을 줄 수 있는 C_2H_6O에 계수 1을 붙여 봐요. 이때 화살표 오른쪽은 반응 전의 C(2개)와 H(6개)의 수를 참고해서 다음과 같이 나타내요.

$1C_2H_6O + O_2 \rightarrow 2CO_2 + 3H_2O$

그러면 화살표 오른쪽의 O의 수는 7개가 돼요. 화살표 왼쪽에 필요한 O의 수는 7개인데, $1C_2H_6O$ 안에 이미 1개가 있으므로 필요한 O의 개수는 7개−1개=6개. 따라서 O_2에 계수 3을 붙이면 6개가 되어 완성! 참고로 만약 O_2에 2분의 3과 같은 분수를 붙여야 할 때는 전체를 2배로 해서 정수로 만들어요.

문제1 $C_2H_6O + 3O_2 \rightarrow 2CO_2 + 3H_2O$

문제2 $2CH_4O + 3O_2 \rightarrow 2CO_2 + 4H_2O$

문제3 $2Mg + O_2 \rightarrow 2MgO$

문제4 $4Al + 3O_2 \rightarrow 2Al_2O_3$

문제5 $Zn + 2HCl \rightarrow ZnCl_2 + H_2$

문제6 $CaCO_3 + 2HCl \rightarrow CaCl_2 + H_2O + CO_2$

2
장

원소란 무엇일까?

현재 발견된 원소(원자의 종류)는 주기율표에 잘 정리되어 있어요. 제2장에서는 주기율표를 통해서 알 수 있는 원자의 내부 구조, 전자와 전자 배치, 대표적인 원소의 특징에 대해서 살펴볼게요.

2-01 주기율표는 어떻게 만들어졌을까? – 규칙성(주기율) 발견이 시작

현재는 원자가 실제로 존재하는 것은 물론이고 원자의 크기, 질량 등도 누구나 알 수 있어요. 하지만 원자의 존재를 잘 알지 못하던 시대에 과학자들은 상상력과 실험을 통해서 얻은 지식으로 원자의 질량을 정했어요.

가령 어떤 한 원자의 질량을 기준으로 했을 때 다른 원자는 어떠한가(기준 원자와 비교했을 때 몇 배가 될까)를 살피는 거죠. 여기서 얻어진 원자의 질량은 절대적인 것이 아니라 상대적인 질량이에요. 이처럼 **원자의 상대적인 질량을 원자량**이라고 해요.

처음에는 기준 원자를 가장 가벼운 수소 원자로 정해서 1로 하거나, 산소를 16이라고 정했는데, 1961년 이후에 '**질량수**(4장에서 자세히 설명)**가 12인 탄소 원자의 질량을 12**'로 정하고 있어요.

●주기율표에서 미지의 원소를 과학적으로 예언

1869년 러시아의 화학자 멘델레예프는 그때까지 알려진 63종의 원소를 원자량 순서대로 나열했을 때, 비슷한 성질의 원소가 주기적으로 나타난다는 이른바 원소의 **주기율**을 발견했어요. 그는 화학적으로 비슷한 성질의 원소를 세로로 배열하여 표(**주기율표**)로 정리했어요. 또한 원자량에 따른 원소의 성질상 세로로 배열하기 어려운 곳은 새로운 원소의 존재 가능성을 염두에 두고 빈칸으로 남겨 두었으며, 그 원소가 가지고 있을 성질을 주변 원소로부터 예측하였어요.

수년 후 멘델레예프의 예언대로 스칸듐, 갈륨, 저마늄이 발견되었고 더불어 그가 만든 주기율표도 널리 인정받게 되었어요.

현재는 원소를 원자량 순서가 아닌 **원자 번호**(나중에 자세히 설명) 순으로 배열하고 있지만 다행히 두 방법은 배열 방식이 거의 같아요.

지금까지 알려진 자연에 존재하는 원소들 중에서 원자 번호가 가장 큰 것은 92번 우라늄이에요. 원자 번호 93번 이상의 원소나 43번의 테크네튬 등은 자연에 존재하지 않는 인공적으로 합성한 원소예요. 그리고 현재에도 새로운 원소 합성이 계속 이루어지고 있어요.

원자량 (원자의 상대 질량)의 기준은 12예요.
그리고 **원자량** 12는 **탄소**예요.
원자 질량(g) 상대 질량
^{1}H 1.67×10^{-24} 1.0
^{4}He 6.64×10^{-24} 4.0
^{12}C 1.99×10^{-23} 12
^{16}O 2.66×10^{-23} 16.0
^{23}Na 3.82×10^{-23} 23.0
어째서 1이 아니라 12예요?
1이 더 알기 쉬울 것 같은데……
좋은 질문이에요!
그 이유는 제4장(4-06)에서 자세히 설명할게요.
깜짝
방, 방금 교장 선생님이 보였어?!

표 2-1-1 원자의 질량과 상대 질량

원자	질량(g)	상대 질량(원자량)
^{1}H	1.67×10^{-24}	1.0
^{4}He	6.64×10^{-24}	4.0
^{12}C	1.99×10^{-23}	12.0 기준
^{16}O	2.66×10^{-23}	16.0
^{23}Na	3.82×10^{-23}	23.0

원자량의 기준은 탄소로 정한다. 원자량에 대해서는 제4장, 4-04 참조

표 2-1-2 멘델레예프의 예언과 저마늄의 성질

성질	예언	저마늄(Ge)
원자량	72	72.59
원자가	4	4
밀도(g/cm^3)	5.5	5.323
색	회색	회색
녹는점	높다	937.4 ℃
산화물	XO_2	GeO_2
염화물	XCl_4	$GeCl_4$
염화물의 끓는점	90 ℃	84 ℃

멘델레예프의 예언은 거의 정확했다.

2-02 주기율표로 무엇을 알 수 있을까? – '족'과 '주기'에 대해서

현대 주기율표는 원소들을 원자 번호 순으로 배열하다가 화학적 성질이 비슷한 원소는 같은 세로줄에 오도록 줄을 바꾸어 배열하고 있어요. 주기율표의 세로줄을 **족**이라고 하며 왼쪽에서 순서대로 1족, 2족……18족까지 있어요. 또 주기율표의 가로 열을 **주기**라고 하고 위에서 순서대로 1주기, 2주기, … 7주기라고 불러요. 1주기에는 H와 He 2개의 원소가 있고, 2, 3주기에는 각각 8개의 원소가 있어요.

이들 원소의 약 80 %는 금속 원소이고 나머지는 비금속 원소예요. 그 경계 부근에 있는 준금속 원소도 존재하는데요. 금속과 비금속 사이 대각선 방향으로 위치한 붕소(B), 규소(Si), 저마늄(Ge), 비소(As) 등은 금속적인 성질을 어느 정도 가지고 있어서 **반도체**라고 불러요.

주기율표의 양쪽에 있는 1족, 2족과 12족~18족의 원소는 **주족 원소**예요. 주족 원소의 동족 원소(같은 족에 있는 원소)들은 화학적 성질이 아주 비슷해요. 예를 들면 수소를 제외한 1족 원소의 홑원소 물질은 모두 가벼운 금속이며 물과 반응하여 수소를 발생시켜요. 이들 원소를 **알칼리 금속**이라고 해요. 반응성이 크며 비금속 원소와 반응하여 원자는 +1의 양이온이 되기 쉬운 성질을 갖고 있어요.

2족 원소의 원자는 +2의 양이온이 되기 쉬운 성질을 갖고 있어요. Be, Mg를 빼고 2족의 원소를 **알칼리 토금속**이라고 해요. 17족의 원소는 **할로젠**으로 원자는 −1의 음이온이 되기 쉬운 성질을 갖고 있어요. 18족의 원소는 화합물을 만들기 어려우므로 **비활성 기체**라고 해요.

같은 족의 주족 원소에서는 주기율표에서 아래로 내려갈수록 양이온이 되기 쉬운 경향이 강해지고, 같은 주기에서는 비활성 기체를 빼고 주기율표에서 오른쪽으로 갈수록 음이온이 되기 쉬운 경향이 강해져요.

족 / 주기	1	2	3	4	5	6	7	8	9
1	1 H 수소 1.008								
2	3 Li 리튬 6.941	4 Be 베릴륨 9.012							
3	11 Na 나트륨(소듐) 22.99	12 Mg 마그네슘 24.31							
4	19 K 칼륨(포타슘) 39.10	20 Ca 칼슘 40.08	21 Sc 스칸듐 44.96	22 Ti 타이타늄 47.87	23 V 바나듐 50.94	24 Cr 크로뮴 52.00	25 Mn 망가니즈 54.94	26 Fe 철 55.85	27 Co 코발트 58.93
5	37 Rb 루비듐 85.47	38 Sr 스트론튬 87.62	39 Y 이트륨 88.91	40 Zr 지르코늄 91.22	41 Nb 나이오븀 92.91	42 Mo 몰리브데넘 95.94	43 Tc 테크네튬 99	44 Ru 루테늄 101.1	45 Rh 로듐 102.9
6	55 Cs 세슘 132.9	56 Ba 바륨 137.3	57~71 란타넘족	72 Hf 하프늄 178.5	73 Ta 탄탈럼 180.9	74 W 텅스텐 183.8	75 Re 레늄 186.2	76 Os 오스뮴 190.2	77 Ir 이리듐 192.2
7	87 Fr 프랑슘 (223)	88 Ra 라듐 (226)	89~103 악티늄족	104 Rf 러더포듐 (267)	105 Db 더브늄 (268)	106 Sg 시보귬 (271)	107 Bh 보륨 (270)	108 Hs 하슘 (269)	109 Mt 마이트너륨 (278)
	알칼리 금속※1	알칼리 토금속※2							
전하	+1	+2	복잡						
	주족 원소		전이 원소						

금속 원소

비금속 원소

전이 원소

1	원자 번호
H	원소 기호
수소	원소명
1.008	원자량

란타넘족	57 La 란타넘 138.9	58 Ce 세륨 140.1	59 Pr 프라세오디뮴 140.9	60 Nd 네오디뮴 144.2	61 Pm 프로메튬 145	62 Sm 사마륨 150.4	63 Eu 유로퓸 152.0
악티늄족	89 Ac 악티늄 (227)	90 Th 토륨 232.0	91 Pa 프로트악티늄 231.0	92 U 우라늄 238.0	93 Np 넵투늄 (237)	94 Pu 플루토늄 (239)	95 Am 아메리슘 (243)

※1: H를 제외
※2: Be, Mg를 제외

● 실온에서의 홑원소 물질의 상태는 다양하다

비금속 원소의 홑원소 물질 대부분은 분자로 이루어져 있으며 고체 상태에서 분자로 이루어진 결정을 만들어요. 상온(25 ℃)에서 수소, 질소, 산소, 플루오린, 염소 등은 **기체**, 브로민은 **액체**, 아이오딘, 인, 황

10	11	12	13	14	15	16	17	18
								2 He 헬륨 4.003
			5 B 붕소 10.81	6 C 탄소 12.01	7 N 질소 14.01	8 O 산소 16.00	9 F 플루오린 19.00	10 Ne 네온 20.18
			13 Al 알루미늄 26.98	14 Si 규소 28.09	15 P 인 30.97	16 S 황 32.07	17 Cl 염소 35.45	18 Ar 아르곤 39.95
28 Ni 니켈 58.69	29 Cu 구리 63.55	30 Zn 아연 65.41	31 Ga 갈륨 69.72	32 Ge 저마늄 72.64	33 As 비소 74.92	34 Se 셀레늄 78.96	35 Br 브로민 79.90	36 Kr 크립톤 83.80
46 Pd 팔라듐 106.4	47 Ag 은 107.9	48 Cd 카드뮴 112.4	49 In 인듐 114.8	50 Sn 주석 118.7	51 Sb 안티모니 121.8	52 Te 텔루륨 127.6	53 I 아이오딘 126.9	54 Xe 제논 131.3
78 Pt 백금 195.1	79 Au 금 197.0	80 Hg 수은 200.6	81 Tl 탈륨 204.4	82 Pb 납 207.2	83 Bi 비스무트 209.0	84 Po 폴로늄 210	85 At 아스타틴 210	86 Rn 라돈 220
110 Ds 다름슈타튬 (281)	111 Rg 뢴트게늄 (281)	112 Cn 코페르니슘 (285)	113 Nh 니호늄 (278)	114 Fl 플레로븀 (289)	115 Mc 모스코븀 (289)	116 Lv 리버모륨 (293)	117 Ts 테네신 (294)	118 Og 오가네손 (294)
			붕소족	탄소족	질소족	산소족	할로젠	비활성 기체
		+2	주로 +3	/	주로 −3	주로 −2	−1	/
		주족 원소						

64 Gd 가돌리늄 157.3	65 Tb 터븀 158.9	66 Dy 디스프로슘 162.5	67 Ho 홀뮴 164.9	68 Er 어븀 167.3	69 Tm 툴륨 168.9	70 Yb 이터븀 173.0	71 Lu 루테튬 175.0
96 Cm 퀴륨 (247)	97 Bk 버클륨 (247)	98 Cf 캘리포늄 (252)	99 Es 아인슈타이늄 (252)	100 Fm 페르뮴 (257)	101 Md 멘델레븀 (258)	102 No 노벨륨 (259)	103 Lr 로렌슘 (262)

등은 **고체**로 존재해요. 탄소나 규소의 홑원소 물질은 거대 분자로 이루어진 결정이고 녹는점이 높아요. 비활성 기체의 홑원소 물질은 상온일 때는 기체이고, 단원자 분자[1]로 존재해요. 금속 원소의 홑원소 물질은 수은만 상온에서 액체로 존재하고 그 외는 고체로 존재해요.

1 역자 주: 원자 하나로도 분자의 성질을 갖는 분자.

주기율표 하면 수리나카~ 베 마 칼 맞지?
주기 율표?
나도 주기율표 하나를 만들었는데 볼래?
주기 율표를 만들었다고?
근데 아까부터 무슨 냄새가~
뭐야! 이 냄새!!!
뭘 먹으면 방귀를 뀌잖아. 얼마나 냄새가 심한지를 나타낸 표야.
구린내 표
심함
약함
소고기 스튜
양배추
카레
만두
파
초콜릿
말하자면 구린내 주기율표!!
짜~잔
아무리 그래도 토끼가 초콜릿이나 파 그런 거 먹으면 안 되잖아?
왜? 안 돼?
배가 많이 아플 수 있어.
진짜!?
헉

주기율표 설명은 이 깜토에게 맡겨 줘.
짠!
그렇지! 이게 진짜 주기율 표지!
맞아요.

주기 \ 족	1	2	3	4	5	6	7	8	9	10	11	12	13	14	15	16	17	18
1	1 H 수소 1.008																	2 He 헬륨 4.003
2	3 Li 리튬 6.941	4 Be 베릴륨 9.012											5 B 붕소 10.81	6 C 탄소 12.01	7 N 질소 14.01	8 O 산소 16.00	9 F 플루오린 19.00	10 Ne 네온 20.18
3	11 Na 나트륨(소듐) 22.99	12 Mg 마그네슘 24.31											13 Al 알루미늄 26.98	14 Si 규소 28.09	15 P 인 30.97	16 S 황 32.07	17 Cl 염소 35.45	18 Ar 아르곤 39.95
4	19 K 칼륨(포타슘) 39.10	20 Ca 칼슘 40.08	21 Sc 스칸듐 44.96	22 Ti 타이타늄 47.87	23 V 바나듐 50.94	24 Cr 크로뮴 52.00	25 Mn 망가니즈 54.94	26 Fe 철 55.85	27 Co 코발트 58.93	28 Ni 니켈 58.69	29 Cu 구리 63.55	30 Zn 아연 65.41	31 Ga 갈륨 69.72	32 Ge 저마늄 72.64	33 As 비소 74.92	34 Se 셀레늄 78.96	35 Br 브로민 79.90	36 Kr 크립톤 83.80
5	37 Rb 루비듐 85.47	38 Sr 스트론튬 87.62	39 Y 이트륨 88.91	40 Zr 지르코늄 91.22	41 Nb 나이오븀 92.91	42 Mo 몰리브데넘 95.94	43 Tc 테크네튬 99	44 Ru 루테늄 101.1	45 Rh 로듐 102.9	46 Pd 팔라듐 106.4	47 Ag 은 107.9	48 Cd 카드뮴 112.4	49 In 인듐 114.8	50 Sn 주석 118.7	51 Sb 안티모니 121.8	52 Te 텔루륨 127.6	53 I 아이오딘 126.9	54 Xe 제논 131.3
6	55 Cs 세슘 132.9	56 Ba 바륨 137.3	57~71 란타넘족	72 Hf 하프늄 178.5	73 Ta 탄탈럼 180.9	74 W 텅스텐 183.8	75 Re 레늄 186.2	76 Os 오스뮴 190.2	77 Ir 이리듐 192.2	78 Pt 백금 195.1	79 Au 금 197.0	80 Hg 수은 200.6	81 Ti 탈륨 204.4	82 Pb 납 207.2	83 Bi 비스무트 209.0	84 Po 폴로늄 210	85 At 아스타틴 210	86 Rn 라돈 220
7	87 Fr 프랑슘 (223)	88 Ra 라듐 (226)	89~103 악티늄족	104 Rf 러더포듐 (267)	105 Db 더브늄 (268)	106 Sg 시보귬 (271)	107 Bh 보륨 (270)	108 Hs 하슘 (269)	109 Mt 마이트너륨 (278)	110 Ds 다름슈타튬 (281)	111 Rg 뢴트게늄 (281)	112 Cn 코페르니슘 (285)	113 Nh 니호늄 (287)	114 Fl 플레로븀 (289)	115 Mc 모스코븀 (289)	116 Lv 리버모륨 (293)	117 Ts 테네신 (294)	118 Og 오가네손 (294)
	알칼리 금속※1	알칼리 토금속※2											붕소족	탄소족	질소족	산소족	할로젠	비활성 기체
전하	+1	+2	복잡									+2	주로 +3		주로 −3	주로 −2	−1	
	주족 원소		전이 원소									주족 원소						

금속 원소 / 비금속 원소 / 전이 원소

1 … 원자 번호
H … 원소 기호
수소 … 원소명
1.008 … 원자량

란타넘족	57 La 란타넘 138.9	58 Ce 세륨 140.1	59 Pr 프라세오디뮴 140.9	60 Nd 네오디뮴 144.2	61 Pm 프로메튬 145	62 Sm 사마륨 150.4	63 Eu 유로퓸 152.0	64 Gd 가돌리늄 157.3	65 Tb 터븀 158.9	66 Dy 디스프로슘 162.5	67 Ho 홀뮴 164.9	68 Er 어븀 167.3	69 Tm 툴륨 168.9	70 Yb 이터븀 173.0	71 Lu 루테튬 175.0
악티늄족	89 Ac 악티늄 (227)	90 Th 토륨 232.0	91 Pa 프로트악티늄 231.0	92 U 우라늄 238.0	93 Np 넵투늄 (237)	94 Pu 플루토늄 (239)	95 Am 아메리슘 (243)	96 Cm 퀴륨 (247)	97 Bk 버클륨 (247)	98 Cf 캘리포늄 (252)	99 Es 아인슈타이늄 (252)	100 Fm 페르뮴 (257)	101 Md 멘델레븀 (258)	102 No 노벨륨 (259)	103 Lr 로렌슘 (262)

※1 : H를 제외
※2 : Be, Mg를 제외

1~2족, 12~18족 원소는 주족 원소
주족 원소는 동족 원소의 원자가 전자 수가 같고 화학적 성질도 비슷해.
어때
3~11족의 원소는 같은 주기에 있는 원소들의 성질이 비슷하지.
오~~
와! 유식하다!
미소에게 칭찬받고 기분 최고다!
야호!

2-03 원자 내부는 어떤 구조일까? – 원자 번호와 질량수

20세기에 들어와서 여러 과학자들의 실험을 통해서 원자는 더 작은 입자로 구성되어 있다는 것이 알려졌어요. 원자는 중심의 **원자핵**과 그 주위 넓은 공간에 분포하는 **전자**로 이루어져 있어요. 원자핵은 원자에서 아주 작은 공간을 차지하지만 질량은 원자 전체 질량의 대부분을 차지해요(99.9 % 이상). 원자핵은 양전하를 갖는 **양성자**와 전하를 갖지 않는 **중성자**의 집합이고, **양성자**와 **중성자**는 크기도 질량도 거의 같아요.

이에 비해서 전자의 질량은 양성자나 중성자 질량의 약 1,840분의 1이에요. 전자가 갖는 전하는 양성자가 갖는 전하와 절대치는 같지만 부호는 반대예요. 때문에 원자는 전체로서는 전하를 갖지 않아요. 원자핵에 있는 양성자 수와 그 주변에 있는 전자 수가 같기 때문이에요.

양성자 수에 의해서만 원소가 구별되므로 양성자 수를 기준으로 **원자 번호**를 부여해요. 원자가 갖는 전자 수는 양성자 수와 같기 때문에 **전자 수도 원자 번호와 같아져요.**

주기율표는 원자 번호 순으로 원소를 배열하고 있어요. 원자의 질량은 원자핵에 있는 양성자 수와 중성자 수로 거의 정해져요. 전자의 질량은 원자핵을 구성하는 양성자나 중성자에 비해서 매우 작아요. 전자가 약 1,840개가 모여야 겨우 양성자 1개(≒중성자 1개) 분의 질량이 되므로 무시할 수 있어요. 원자 질량의 대부분은 양성자와 중성자가 차지하므로 두 입자의 수를 합한 값을 **질량수**라고 해요.

● 원소의 정의

1959년 미국의 화학자 라이너스 폴링이 『일반 화학』이라는 교과서에서 제시한 원소에 대한 정의–원소는 양성자 수에 의해서만 원소가 구별되므로 양성자 수를 기준으로 원자 번호를 부여한다-가 화학자들 사이에서 일반화되었어요.

같은 원소이면서 양성자 수와 전자 수는 같은데 **중성자 수가 다른 원소를 동위 원소**라고 해요. 동위 원소들은 중성자 수가 달라서 질량수도 달라요.

예를 들면 자연에 존재하는 우라늄(U)에는 양성자 수는 같은데 중성자 수가 다른 동위 원소가 3종류 있어요. 양성자 수는 모두 92이지만, 중성자 수는 142, 143, 146으로 달라요. 구별하기 위해서 양성자 수와 중성자 수를 합친 질량수를 붙여서 우라늄-234, 우라늄-235, 우라늄-238이라고 부르기도 해요.

원소라는 말은 아직까지 애매하게 사용되고 있어요. '산소'라고 할 때 원소의 의미인지, 오존과 구별되는 홑원소 물질의 의미인지, 아니면 산소 분자인지, 산소 원자인지, 문맥으로 추측할 수밖에 없어요.

그림 2-3 헬륨 원자와 원자핵의 모형

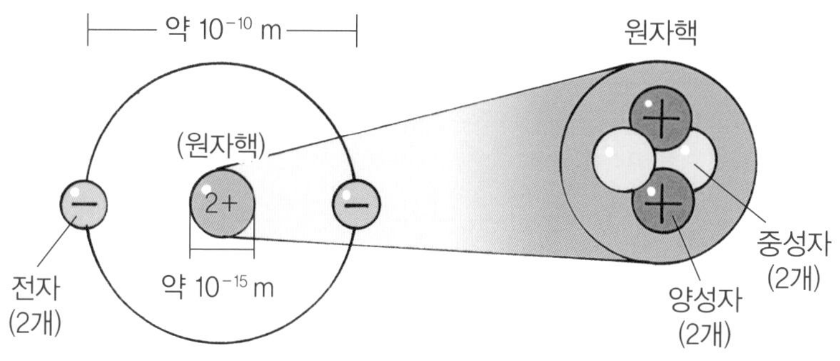

원자 번호 = 양성자 수(=전자 수) = 2
질량수 = 양성자 수 + 중성자 수 = 4

직경 40 m의 동그라미를 수소 원자라고 했을 때 수소 원자 속의 원자핵의 크기는 직경 1 mm 정도 밖에 안 된다.

2-04 전자 배치란 무엇일까?
– 비활성 기체 원소의 전자 배치는 매우 안정

원자 속의 전자는 원자핵 주위를 몇 개의 층으로 나뉘어 운동하고 있어요. 이 층을 **전자 껍질**이라 하고, 원자핵에서 가까운 안쪽부터 K껍질, L껍질, M껍질, N껍질……이라고 해요. 각각의 전자 껍질에 들어갈 수 있는 전자 수는 제한되어 있는데, K껍질은 2개, L껍질은 8개, M껍질은 18개, N껍질은 32개예요.

원자는 원자 번호와 같은 수의 전자를 갖고 안쪽 전자 껍질부터 순서대로 들어가요. 전자가 전자 껍질에 들어가는 배치를 **전자 배치**라고 하고, 전자가 들어 있는 가장 바깥쪽 전자 껍질을 **'가장 바깥 껍질'**이라고 해요. 가장 바깥 껍질에 들어 있는 전자는 원자와 원자가 결합할 때 중요한 역할을 하므로, 이를 **원자가 전자**(valence electron)라고 해요.

헬륨(He), 네온(Ne), 아르곤(Ar) 등은 화학적으로 매우 안정되어 있어서 화합물을 만들기 어려운 물질이에요. 이와 같은 비활성 기체 원소의 원자의 전자 배치를 보면 가장 바깥 껍질의 전자는 He가 2개, Ne, Ar, Kr 등은 8개예요. 비활성 기체 이외의 원자는 전자 배치가 He나 Ne처럼 가장 바깥 껍질이 전자로 가득 차 있던지, Ar이나 Kr처럼 가장 바깥 껍질의 전자가 8개가 되면 안정되어 다른 원자와 결합하기 어려워져요. 따라서 다른 원자들은 **비활성 기체와 같은 전자 배치를 취하려는 경향**이 있어요.

● 주기율표에서의 비활성 기체의 전자 배치

주기율표에서 1, 2, 13, 14, 15, 16, 17, 18족의 원소를 **주족 원소**라고 해요. 주족 원소는 같은 족 원소의 가장 바깥 껍질의 전자 수가 서로 같아요. 그래서 매우 비슷한 화학적 성질을 나타내요.

그림 2-4-1 전자 껍질의 구조

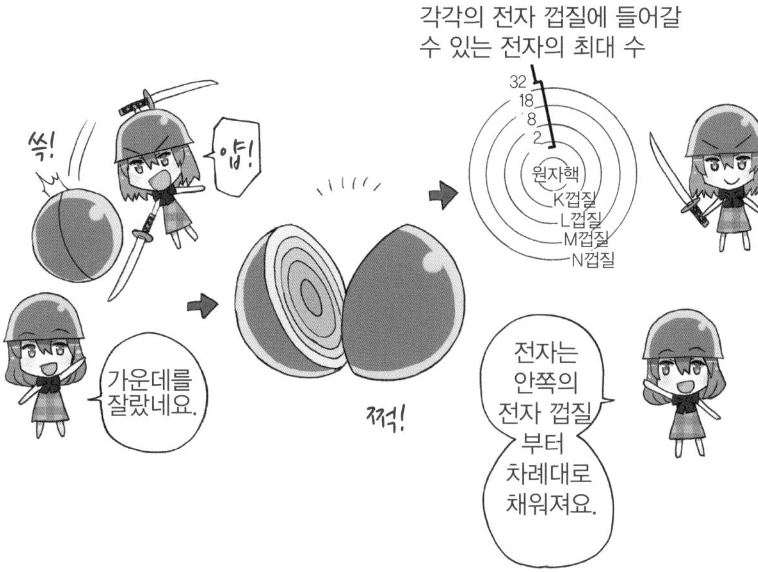
각각의 전자 껍질에 들어갈 수 있는 전자의 최대 수
32
18
8
2
원자핵
K껍질
L껍질
M껍질
N껍질
쓱!
얍!
가운데를 잘랐네요.
쩍!
전자는 안쪽의 전자 껍질부터 차례대로 채워져요.

그림 2-4-2 비활성 기체 원소의 원자의 전자 배치

원소	원자 번호	전자 배치					
		K	L	M	N	O	P
He	2	2					
Ne	10	2	8				
Ar	18	2	8	8			
Kr	36	2	8	18	8		
Xe	54	2	8	18	18	8	
Rn	86	2	8	18	32	18	8

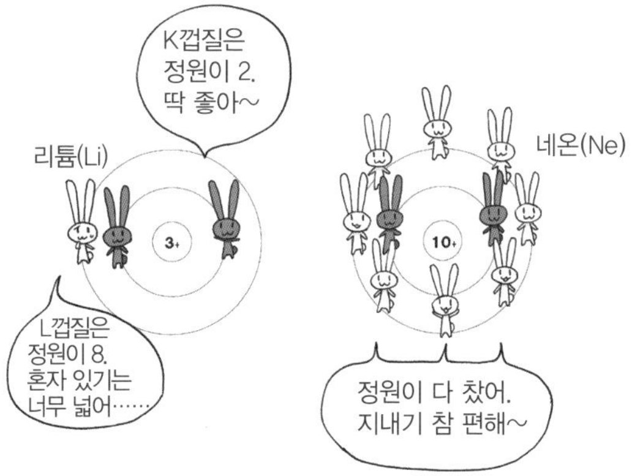
K껍질은 정원이 2. 딱 좋아~
리튬(Li)
3+
L껍질은 정원이 8. 혼자 있기는 너무 넓어……
네온(Ne)
10+
정원이 다 찼어. 지내기 참 편해~

- 1족 원소(H는 제외)……알칼리 금속

  홑원소 물질은 반응성이 높은 가벼운 금속이다. 1가의 양이온이 된다.

- 2족 원소(Be, Mg은 제외)……알칼리 토금속

  홑원소 물질은 알칼리 금속 다음으로 반응성이 높은 금속이다. 2가의 양이온이 된다.

- 17족 원소……할로젠

  홑원소 물질은 반응성이 높다. 1가의 음이온이 된다.

- 18족 원소……비활성 기체

  홑원소 물질은 녹는점이나 끓는점이 매우 낮으며 상온에서 모두 기체 상태로 존재한다. 화학적으로 안정되어 있기 때문에 화합물을 만들기 어렵다.

3족에서 11족까지의 원소는 주기율표 왼쪽의 주족 원소에서 오른쪽 주족 원소로 옮겨 가는 사이에 있다고 해서 **전이 원소**라고 해요. 전이 원소의 홑원소 물질은 모두 금속이며 가장 바깥 껍질의 전자 수는 1개 내지는 2개예요. 화학적으로는 주기율표상의 세로 원소와 성질이 비슷하며 옆의 원소와도 비슷해요. 주족 원소에는 금속 원소와 비금속 원소가 있는데 전이 원소는 모두 금속 원소예요.

그림 2-4-3 **원자의 전자 배치 구조 그림과 루이스 전자점식**

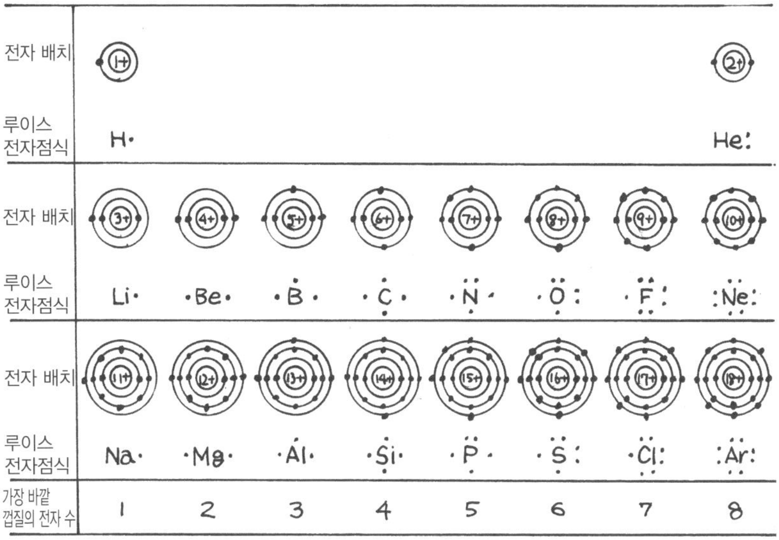

그림에서 동심원은 안쪽에서 차례대로 K껍질, L껍질, M껍질, N껍질을 나타낸다.

2-05 전기 음성도란 무엇일까?
– 크기가 클수록 음이온이 되기 쉽다

물질은 다음과 같이 크게 세 가지로 분류할 수 있어요.

1 분자로 이루어진 물질

2 이온으로 이루어진 물질

3 금속 원자만으로 이루어진 물질

다이아몬드나 폴리에틸렌처럼 거대 분자로 이루어져서 1~3의 어디에도 해당하지 않는 물질도 있지만 여기서는 생략하고 대략적으로 분류해 볼게요.

고체의 경우 1은 **분자 결정**, 2는 **이온 결정**, 3은 **금속 결정**이라고 하며 각각 다음과 같은 특징이 있어요.

- 분자 결정은 무르고 녹는점이 낮다.
- 이온 결정은 단단하고 녹는점이 높다.
- 금속 결정은 금속 광택이 있으며 전기나 열을 잘 전달한다.

분자로 이루어진 물질(고체는 분자 결정)은 비금속 원소끼리 결합한 것이고, 이온으로 이루어진 물질(고체는 이온 결정)은 금속 원소와 비금속 원소끼리 결합한 거예요. 금속 원자로 이루어진 물질(고체는 금속 결정)은 금속 원소만으로 이루어졌어요. 이때 금속 원자는 양이온이 되고 비금속 원자는 음이온이 돼요.

● 원소의 전기 음성도

원자의 화학적 성질을 생각할 때 가장 중요한 의미는 **'그 원자가 얼마만큼 전자를 끌어당기기 쉬운가'** 하는 것이에요. 그 정도를 **전기 음성도**로 나타내요.

전기 음성도가 큰 것은 전자를 받아서 음이온이 되기 쉽고, 작은 것은 양이온이 되기 쉬운 경향이 있어요.

비활성 기체는 화학적으로 불활성이기 때문에 예외로 하고, 전기 음성도가 가장 큰 것은 플루오린(F)이에요. 주기율표에서 비활성 기체(18족 원소)를 빼면 **오른쪽 맨 위**에 위치해요. 주족 원소 중에서 **전기 음성도는** 대체로 **같은 주기에서는 오른쪽으로 갈수록 커지고 같은 족에서는 위로 갈수록 커져요.** 그래서 주기율표의 오른쪽 위의 삼각 지대는 비금속 원소가 자리하고 있는 거예요. 또 알칼리 금속 중에서 전기 음성도가 가장 작은 것은 프랑슘(Fr)이지만, 수명이 매우 짧은 인공 방사성 원소인 탓에 실험이 곤란해요.

그림 2-5 **전기 음성도**

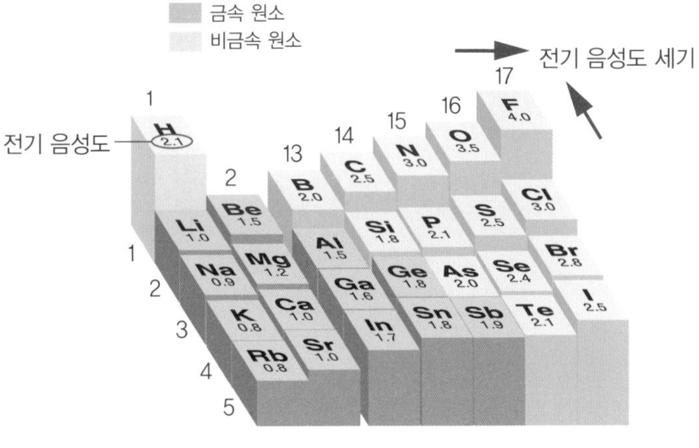

전기 음성도란 공유 결합(제3장, 3-02 참조)을 이루는 원자가 전자를 끌어당기는 정도를 말해요. 결합한 두 원자 사이에 전기 음성도가 다른 경우에는 전기 음성도가 큰 원자 쪽으로 전자가 끌어당겨져요. 염산(HCl)을 예를 들면 수소(H)는 2.1이고, 염소(Cl)는 3.0이므로 Cl 쪽으로 전자 분포가 쏠려 있어요.

2-06 산성 산화물, 염기성 산화물이란 무엇일까? – 산성비는 산성 산화물과 물

비금속 원소의 산화물인 CO_2(이산화 탄소), NO_2(이산화 질소), P_2O_5(오산화 인), SO_2(이산화 황), SO_3(삼산화 황) 등은 분자로 이루어진 물질이에요. 물과 반응해서 산을 만들거나 염기와 반응하여 염을 만들기 때문에 **산성 산화물**이라고 해요.

이렇게 해서 생긴 HNO_3(질산), H_2SO_3(아황산), H_2SO_4(황산), H_3PO_4(인산) 그리고 H_2CO_3(탄산)은 산소가 포함된 산이어서 **옥시산(산소산)**이라고 해요. 산성비는 질소 산화물(NO_2 혹은 NO_3 등)이나 황 산화물(SO_2 혹은 SO_3)이 물과 반응하여 질산이나 아황산, 황산 등이 된 거예요.

$$SO_2 + H_2O \rightarrow H_2SO_3$$

이산화 황 + 물 → 아황산

한편, 금속 원소의 산화물인 Na_2O(산화 소듐)이나 MgO(산화 마그네슘) 등은 이온으로 이루어진 물질이에요. 이들은 물과 반응하여 수산화물을 생성하거나 물에 녹아서 염기성을 띠는 것이 있어요. 산과 반응하여 염을 만들기 때문에 **염기성 산화물**이라고 해요.

$$CaO + H_2O \rightarrow Ca(OH)_2$$

산화 칼슘 + 물 → 수산화 칼슘

그림 2-6 3주기 원소의 산화물

주기율표에서 오른쪽에 위치한 원소일수록 산화물의 **산성이 강해지고,** 왼쪽에 위치할수록 **염기성이 강해져요.**

족	산화물	산성 · 염기성
1	Na_2O	강염기성
2	MgO	약염기성
13	Al_2O_3	양쪽성
14	SiO_2	약산성
15	P_4O_{10}	중간 정도의 산성
16	SO_3	강산성
17	Cl_2O_7	강산성

산화물은 각 원소의 가장 큰 산화수를 갖는 것을 나타냈다. Al_2O_3(산화 알루미늄)은 산의 수용액에도 염기의 수용액에도 반응해서 녹기 때문에 양쪽성 산화물이라고 부른다.

SO2 이산화 황 + H2O 물 → H2SO3 아황산
이산화 황 (SO2)이 산화하면 아황산이 되는군요.
그렇지. 또 삼산화 황(SO3)이 물에 녹으면 황산 (H2SO4)이 되고.
황산 ……
잘못해서 뒤집어 쓰면 녹아 버리는 그거?
무, 무섭다.
묽은 황산일 경우엔 흐르는 물에 재빨리 씻으면 괜찮아.
조심 해야지 ㅠㅠ

2-07 비활성 기체란 무엇일까? – 처음 발견된 것은 아르곤(느림보)

주기율표의 가장 오른쪽 18족 원소 중에서 다음과 같은 여섯 원소를 **비활성 기체**라고 해요.

헬륨(He)	네온(Ne)	아르곤(Ar)
크립톤(Kr)	제논(Xe)	라돈(Rn)

비활성 기체는 다른 원소들과 거의 반응하지 않아요. 그래서 비활성(불활성) 기체라고 불려요. 비활성 기체[2]는 희류가스라고도 하는데 대기나 지각에 존재하는 양이 적어서 붙여진 이름이에요. 하지만 헬륨은 태양계 부근의 우주에는 많이 존재하고, 아르곤은 공기 중에 약 1 %를 차지하여 이산화 탄소보다 훨씬 많이 있어요.

비활성 기체 중에서 아르곤은 1894년 스코틀랜드의 화학자 윌리엄 램지(William Ramsay)가 발견했어요. 아르곤은 가장 처음 발견된 비활성 기체예요. 아르곤은 '게으름을 피우다'의 뜻에서 이름 붙여졌는데, 아르곤이 워낙 반응을 하지 않고 숨어 있어서예요. 윌리엄은 계속해서 네온, 크립톤, 제논을 발견하고, 또 태양의 스펙트럼에서 존재가 추정되던 헬륨 역시 우라늄 광석에서 단리[3]하는 데 성공했어요.

1904년 램지는 '**공기 중의 비활성 기체의 원소와 주기율상의 위치 결정**'의 공적을 인정 받아 노벨 화학상을 수상했어요.

2 역자 주: 비활성 기체 중 헬륨과 네온을 제외한 기체들은 플루오린 등과 화합을 한다는 것이 밝혀져서 엄밀한 의미의 비활성이라고 하기 어려워졌다. 희(希)가스, 희류가스라는 표현도 쓰인다. 그리고 2017년 헬륨마저도 반응성이 있는 것으로 알려졌다.

3 역자 주: 혼합물에서 하나의 원소나 물질을 순수한 형태로 분리하는 일.

주기율표 에서 맨 오른쪽 세로줄에 있는
18 2 He 10 Ne 18 Ar 36 Kr 54 Xe 86 Rn
18족(He, Ne, Ar, Kr, Xe, Rn)을
비활성 기체라고 해요.
화학적으로 안정되어 있고 다른 원소와 거의 반응하지 않지요.
맞아.
이 원자들의 전자 배치에는 **공통된 특징**이 나타나는데, 그게 뭘까?
원소 전자 껍질 K L M N O P
2He 2
10Ne 2 8
18Ar 2 8 8
36Kr 2 8 18 8
54Xe 2 8 18 18 8
86Rn 2 8 18 32 18 8
음… He을 빼고는 가장 바깥 껍질의 전자가 **8개**네요.
He은 K껍질 (전자를 최대 2개만 수용가능) 이기 때문에 8개가 안 되는 거야.
비활성 기체가 화학적으로 안정되어 있다는 건 실은
안정
'가장 바깥 껍질에 있는 전자가 8개'이면 화학적으로 안정되어 있다는 것을 말해요.
가장 바깥 껍질에 있는 전자가 8개인 상태를 **'옥텟[4]'**이라고 해요.

4 역자 주: 8을 나타내는 그리스어인 옥타(Octa)에서 유래되었다. 18족 원소를 제외한 원소들은 가장 바깥 껍질이 채워지지 않은 상태이므로 8개의 전자를 채워 안정해지려 하는데, 이러한 경향성을 옥텟 규칙이라고 한다. 원자들은 전자를 주고받거나 공유하여 화학 결합을 형성한다.

2-08 알칼리 금속과 알칼리 토금속이란 무엇일까? – 강한 염기(알칼리)가 되는 원소들

알칼리 금속은 주기율표상에서 1족 원소인 리튬(Li)을 포함하여 아래쪽에 위치한 6개 원소를 말해요. 홑원소 물질은 밀도가 작고 무르며, 녹는점이 낮은 것이 특징이에요. 반응성이 뛰어나 물과 격렬하게 반응하여 수소를 발생시키고 수산화물을 생성해요. 이 수산화물은 강한 염기성(알칼리성)을 나타내요.

소듐은 산화되기 쉽고 덩어리를 물에 넣으면 격렬하게 반응해요. 또 포타슘을 물에 넣으면 발화하여 보라색 불꽃을 내며 연소해요. 그래서 알칼리 금속은 산소나 수증기에 닿지 않도록 석유 안에 보존해요.

알칼리 토금속은 제2족 원소인 칼슘(Ca) 이하의 원소예요. 홑원소 물질은 물과 반응하여 수산화물을 생성해요. 이들은 모두 강한 염기성을 가지고 있어요.

●알칼리 금속과 알칼리 토금속의 화합물

• 수산화 소듐(NaOH)

수산화 소듐은 백색의 고체로 공기 중에 방치하면 수증기를 흡수해서 그 물에 녹아요. 이를 **조해성**이라고 해요. 수산화 소듐은 물에 잘 녹아서 강한 염기성을 나타내요. 공업적으로는 염화 소듐 수용액을 전기분해해서 만들어요. 가성(피부를 부식시키는 성질) 소다(소듐)라고도 해요.

• 탄산수소 소듐($NaHCO_3$)

탄산수소 소듐은 물에 녹아서 약한 염기성을 나타내요. 탄산수소 소듐은 일상생활에서 '중소'라고 불리기도 해요. 산을 가하거나 열을 가했을 때 이산화 탄소를 발생시키므로 부풀리는 효과가 있는 베이킹 소다로 이용되고 있어요.

• 탄산 칼슘($CaCO_3$)

탄산 칼슘은 석회암이나 대리석의 주성분으로 물에 녹지 않고 묽은 염산과 반응하여 이산화 탄소를 발생시켜요.

• 산화 칼슘(CaO)

산화 칼슘은 물과 반응하면 다량의 열이 발생하고 수산화 칼슘(소석회, $Ca(OH)_2$)이 만들어져요.

• 수산화 칼슘(소석회, $Ca(OH)_2$)

수산화 칼슘은 물에 조금 녹으며 수용액은 강한 염기성을 나타내요. 수산화 칼슘의 포화 수용액(석회수)에 이산화 탄소를 넣으면 탄산 칼슘으로 침전해요. 따라서 맑은 석회수에 이산화 탄소를 넣으면 용액이 뿌옇게 흐려져요. 생성된 탄산 칼슘은 이산화 탄소가 과잉으로 있을 때 탄산수소 칼슘($Ca(HCO_3)_2$)이 되어 녹아요. 이것이 석회암 지대에 종유동이 생기는 원리예요.

그림 2-8 소듐의 대표적인 반응

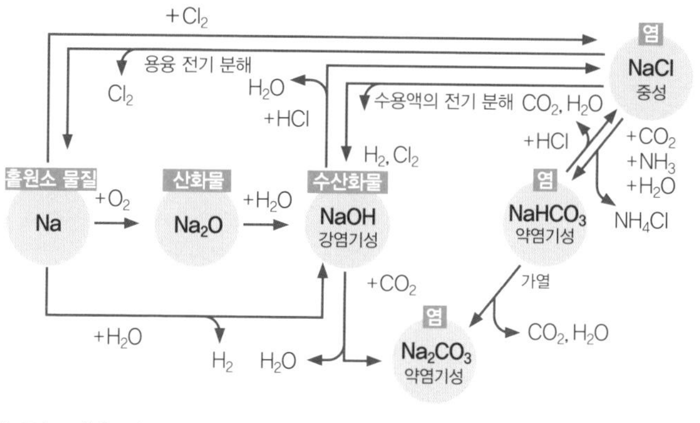

소듐(Na)에 물(H_2O)을 가해도, 산화 소듐(Na_2O)에 물을 가해도 수산화 소듐(NaOH)이 된다. 수산화 소듐(NaOH)에 염산을 가해도, 산화 소듐(Na_2O)에 염산을 가해도, 홑원소의 소듐(Na)에 염소(Cl_2)를 가해도 염화 소듐(NaCl)이 생긴다.

2-09 할로젠이란 무엇일까?
– 전기 음성도가 높고 사람에게 유해하다

17족에 속하는 **할로젠**의 홑원소 물질은 반응성이 매우 뛰어나 많은 원소의 홑원소 물질과 직접 반응하여 할로젠화물이 만들어져요. 이때 할로젠 홑원소 물질은 산화제 역할을 해요. 산화력은 원자 번호가 작을수록 강력해요. 또 **할로젠 홑원소 물질은 모두 인체에 유해**해요.

염소 가스는 자극성이 강한 황록색 가스로, 제1차 세계대전에서 독가스로 이용되기도 했어요. 염소 가스는 수돗물이나 오염수의 살균이나 표백 등에 다량으로 이용되며, 염산, 표백제 등 여러 가지 무기 염화물 및 유기 염소 화합물의 제조 원료로 다양하게 이용되고 있어요.

염소 가스를 물에 녹인 것을 염산이라고 하며, 염산 중에서 일부가 물과 반응하여 차아염소산(=하이포아염소산)(HClO)을 생성해요.

● 할로젠 화합물

• 염화 수소

염화 수소 가스의 수용액이 염산이에요. 시판되는 진한 염산은 염화 수소를 약 35 % 포함하고 있어요.

• 염화 소듐

식용 소금의 주성분이에요. 수용액을 전기 분해했을 때, 양극에서는 염소, 음극에서는 수소가 발생하고 수용액 속에는 수산화 소듐이 남아요.

• 차아염소산

차아염소산(HClO)은 약산이지만 강한 산화작용을 갖고 있어서 소독약이나 표백제로 사용해요. 염소를 염기와 반응시키면 차아염소산의 염이 생겨요. 차아염소산의 염도 강한 산화력을 갖고 있어요. 차아염소산의 염은 표백이나 살균에 이용돼요.

17족 원소를 할로젠이라고 해요.
17
9 F 플루오린
17 Cl 염소
35 Br 브로민
53 I 아이오딘
85 At 아스타틴
할로젠은 산화제로서 여러 가지 원소의 홑원소 물질과
반응하여 할로젠화합물이 돼요.
할로젠 화합물은 세정제나 표백제에 자주 사용돼요.
할로젠화합물
염산
산성 세정제
염소계 표백제
산화력이 강한 순서는 플루오린, 염소, 브로민, 아이오딘이에요.
근데, 흰토야! 아까부터 뭐하니?
화장실이 더러워서 욕실세제와 곰팡이 제거제로 더블파워제를 만들고 있죠.
곰팡이 제거
욕실
산성의 욕실세제와 염소계 곰팡이 제거제를 섞으면, 염소 가스가 나와서 생명이 위태로울 수 있어!
뭐라고!?
하마터면 큰일 날 뻔 했어~
진짜!?
헉!!

2-10 알루미늄, 아연이란 무엇일까?
– 경금속을 대표하는 알루미늄, 전지의 음극 재료가 되는 아연

알루미늄(Al)은 가볍고 무른 금속이며 보크사이트(=철반석)에서 얻어지는 알루미나(산화 알루미늄, Al_2O_3)를 녹여서 전기 분해하여 만들어요. 알루미늄 포일 등의 가정 용품이나 알루미늄 새시(창틀) 등의 건축 재료 등에도 이용돼요. 알루미늄은 공기 중에서 표면이 산화되어 산화 알루미늄의 치밀한 막이 생겨요. 이 산화물의 막이 내부를 보호하기 때문에 더 이상 산화되기 어려워져요. 알루마이트 가공은 이 산화 피막을 인공적으로(산성 수용액 속에서 전기 분해) 두껍게 입힌 거예요.

합금인 두랄루민은 알루미늄에 구리 4 % 및 소량의 마그네슘과 망가니즈를 첨가한 것이에요. 이후에 이보다 강도가 뛰어난 초두랄루민 등이 개발되어 항공기의 기체 등에 널리 이용되고 있어요.

아연(Zn)의 홑원소 물질은 녹는점이 낮고(420 ℃), 은백색의 금속으로 건전지의 음극에 이용돼요. 이전에 과학 교과서에서는 묽은 염산이나 묽은 황산에 아연을 첨가하여 수소를 발생시키는 실험을 했어요. 아연을 도금한 얇은 철판을 함석이라고 해요. 함석은 철보다 부식되기 쉬운 아연을 도금한 것이에요. 본체의 철을 보호한 것으로 지붕 덮개, 물받이, 펜스 등에 폭넓게 사용되고 있어요. 황동은 아연과 구리와의 합금으로 색깔이 아름답고 주조, 가공도 쉬우며 전성과 연성 등의 기계적 성질이 뛰어나기 때문에 많이 사용돼요. 알루미늄, 아연의 홑원소 물질, 산화물 및 수산화물은 산에도 염기 수용액에도 녹아요. 이러한 성질을 **양쪽성**이라고 해요.

수산화 알루미늄($Al(OH)_3$)은 제산제로 위장약에 쓰이고, 포타슘 명반($AlK(SO_4)_2 \cdot 12H_2O$)은 알루미늄 이온이 매염제(염료와 섬유를 매개로 고착시키는 물질)로 작용하여 색을 선명하게 해요.

흰토야! 알루미늄을 어떻게 만드는지 아니?
철광석 처럼 '알루미늄 석'이 있는 거 아니에요?
아니야. 알루미늄은 아래 그림처럼 몇 개의 공정을 거쳐서 만들어져.
전기 분해 하는 구나!
옛날에는 생산하는 데 돈이 많이 들었기 때문에 금보다 비싸게 거래 되었단다.
알루미늄 제조법
알루미나
산화 알루미늄※
Al_2O_3
정제한다
보크 사이트
융해
녹아서 전기 분해된다
알루미늄
녹는점이 2045 ℃인 알루미나를 800~1,000 ℃에서 녹이기 위해 빙정석을 첨가한다.
전도 막대
탄소 양극
얼음 결정
산화 알루미늄
탄소 음극
융해한 알루미늄
들었지? 옛날에는 알루미늄이 금보다 비쌌대.
그러니까 이걸로 빵 좀 사와!
잔돈은 필요없어~
짜잔~
미안. 농담 이에요.

※ 산화 알루미늄(Al_2O_3)은 2개의 이온 Al^{3+}와 O^{2-}로 이루어져 있다. 음극에서는 Al^{3+}가 알루미늄 Al로, 양극에서는 O^{2-}가 전극의 탄소(C)와 결합하여 이산화 탄소(CO_2)가 된다.

2-11 산소, 황이란 무엇일까?
- 공기 중의 21 %를 차지하는 산소, 화산에서 볼 수 있는 황

산소(O)는 활성이 뛰어나서 많은 원소와 화합하여 산화물을 만들어요. 지구의 대기는 약 21 %가 산소예요. 많은 생물들은 공기 중의 산소 또는 물에 녹은 산소를 마시며 생명 활동을 유지해요. 산소는 바닷속에서는 물(H_2O)로, 암석 속에서는 이산화 규소(SiO_2) 등의 화합물로 존재하며 지각 중에 가장 많이 존재하는 원소예요.

오존(O_3)은 산소를 방전시키거나 산소에 자외선을 쬐면 생겨요. 오존은 특유한 냄새가 나는 담청색 유독 기체로 강한 산화작용을 해요. 대기의 12~50 km 상층에서는 태양의 자외선에 의해 오존이 만들어지며 오존층을 형성해요. 오존층은 태양의 자외선을 흡수하고 지상의 생물을 자외선의 유해한 작용으로부터 보호해요.

황(S)은 화산의 분기구 부근에서 홑원소 물질로 산출돼요. 지각 중에는 황화물로 다량 존재해요.

● 황(S)의 화합물

• 황화 수소(H_2S)

황화 수소는 황화철(Ⅱ)에 묽은 황산을 첨가하여 발생시켜요. 황화 수소는 물에 녹기 쉽고 공기보다 무거운 기체예요. 무색이며 특유의 악취(달걀 썩은 냄새)가 나고 유독해요. 화산 지대나 온천 지대의 '황(유황) 냄새'는 황화 수소의 냄새예요. 은(Ag)은 황화 수소를 만나면 검은색의 황화 은(Ag_2S)이 돼요.

• 이산화 황(아황산 가스)(SO_2)

이산화 황은 황이 연소할 때 발생해요. 무색이며 자극성 냄새가 나는 유독 기체로, 이산화 황이 물에 녹으면 아황산(H_2SO_3)이 생겨요.

• **황산**(H_2SO_4)

진한 황산은 황산을 약 98 % 포함한 무색이며 점성이 큰 비휘발성 액체로, 흡습성이 강해서 건조제로 사용돼요. 열을 가한 진한 황산은 강한 산화 작용이 있어서 구리나 은을 녹여요. 또 진한 황산에는 탈수작용이 있어서 유기화합물에서 수소와 산소를 물의 형태로 빼앗아요. 진한 황산을 물에 희석하면 열이 많이 발생하면서 묽은 황산이 돼요. 또한 이산화황이 산화되어 생긴 삼산화 황이 물에 녹으면 황산이 생겨요.

온천에서 달걀 썩는 듯한 냄새 맡아 본 적 있어?
있어요! 근데 무슨 냄새예요? 깜토 방귀 냄새와 비슷한……
뭐라는 거야.
그건 황화 수소(H2S) 냄새야. 화산 가스에 포함되어 있지.
대부분의 온천이 화산 근처에 있어서 그래.
근데, 이상한 냄새 나지 않아?
진짜 ……
온천 달걀은 넘 맛있어~ 냠~냠~
역시 너로구나……

2-12 질소, 인이란 무엇일까?

– 질소와 인의 화합물은 부영양화의 원인

질소(N)는 지구 대기의 약 78 %를 차지하며, 상온에서는 반응성이 낮은 기체예요. −196 ℃에서 액화하고 액체 질소는 냉각제로 이용돼요. 공업적으로는 액체 공기의 분별 증류(끓는점이 다른 두 종류 이상의 액체 혼합물을 가열하여, 끓는점이 낮은 것부터 기화시켜서 분리하는 것)에 의해 만들어져요.

● 질소 화합물

• 암모니아(NH_3)

암모니아는 무색이며 자극적인 냄새가 나요. 공기보다 가볍고 물에 굉장히 잘 녹는 기체예요. 수용액은 약한 염기성을 나타내요. 공업적으로는 질소와 수소에서 철을 주성분으로 하는 촉매를 이용하여 직접 합성돼요. 이 방법은 하버법(또는 하버–보쉬법)이라고 불려요.

• 질소 산화물(N_2O, NO, N_2O_3, NO_2, N_2O_5)

이들을 NO_X(녹스)라고 하며, NO_X는 산성비의 원인이 되기도 해요. 일산화 질소(NO)는 자동차의 엔진 내부 등 공기를 고온으로 했을 때 발생해요. 일산화 질소는 물에 녹기 어려운 무색의 기체예요. 공기 중에서 빠르게 산화되어 이산화 질소(NO_2)가 돼요. 이산화 질소는 물에 녹기 쉬운 적갈색 기체로 특유의 악취가 있고 매우 강한 독성을 갖고 있어요.

• 질산(HNO_3)

질산은 강한 산성과 함께 산화력도 갖고 있어서, 구리, 수은, 은 등을 녹여요.

공장이나 자동차의 배기가스에선 유독한 NOx가 나와요.
자동차 배기가스 규제를 강화하고 있지만 자동차가 많이 다니는 지역은 대기 오염으로 **광화학 스모그** 등이 발생해요. 산림을 파괴하는 **산성비**도 문제고요.
NOx는 인체와 환경에 나쁜 영향을 주는군요……
비료의 3요소는 질소(N), 인(P), 포타슘(K) 이에요.
비료의 3요소
N 질소
P 인
K 포타슘
아하! 덕분에 식물이 잘 자라는 구나.
밭에 왕창 뿌려야지.
비료
너무 자라서 이상해 졌다–
꺄!
물론 이렇게 되지는 않겠지만, 뭐든 알맞게 줘야지~

● 부영양화란?

부영양화란 호수나 하천의 수중 영양분 농도가 높아져서 수생 식물의 생산 활동이 활발해지는 현상을 말해요. 부영양화가 진행되면 플랑크톤이나 수생 식물이 대량 발생하여 녹조(봄부터 여름에 걸쳐서 플랑크톤이 대량 번식하여 생기는 진한 녹색의 막), 적조(같은 이유로 생긴 적색의 막) 등의 현상이 나타나요.

부영양화가 진행될 때 가장 중요한 역할을 담당하는 영양분은 질소(N)와 인(P)으로, 식물의 3대 비료인 질소, 인, 포타슘 중 두 가지 요소예요. 일반적으로 수중에는 식물이 필요로 하는 질소와 인이 적기 때문에 식물의 생산 활동은 크게 제한을 받아요. 반면에 수중에서 질소와 인의 양이 증가하면 식물의 생산 활동이 활발해져요.

표 식물의 3대 비료

	효과	너무 많으면	너무 적으면
질소(N)	(잎, 줄기에) 잎을 선명하게 하고, 식물 전체의 생육을 촉진한다.	병충해의 저항력이 약해진다. 잎의 반점이 없어진다. 잎만 무성하고 꽃줄기는 자라지 않는다.	생육이 늦다. 잎이나 줄기의 생육이 나빠진다. 잎이 황색을 띤다.
인(P)	(꽃에) 생육 초기의 성장을 도우며, 꽃을 피우는 데 필요한 성분이다.		생육이 멈추고 열매를 맺지 않는다.
포타슘(K)	(뿌리에) 뿌리 생육에 필요한 성분이다. 식물 전체에 균형을 유지하고 추위를 이기게 한다.	다른 영양분의 흡수를 방해한다.	줄기가 약해지고, 바람에 쓰러지기 쉽다. 추위에 약해진다.

2-13 탄소, 규소란 무엇일까?
- 유기물의 중심 원소인 탄소, 암석을 만드는 규소

탄소(C)의 홑원소 물질에는 다이아몬드나 흑연 등의 동소체(같은 원소로 이루어져 있으나 원자의 배열이나 결합이 다르고 성질도 다른 홑원소 물질)가 있어요. 그 외 풀러렌이나 카본 나노 튜브도 탄소의 동소체예요. 다이아몬드는 모든 물질 중에서 가장 단단해서, 보석 외에도 유리를 자르거나 암석을 절단하는 데에도 사용해요. 흑연은 부드럽고 전기를 잘 통해서 전극이나 연필심에 이용돼요.

탄소는 유기물을 구성하는 중심 원소예요.

● 탄소(C) 화합물

• 이산화 탄소(CO_2)

탄소나 탄소를 갖는 화합물을 공기 중에서 연소하면 이산화 탄소가 발생해요. 이산화 탄소는 무색, 무취의 기체로 물에 녹아서 약한 산성을 나타내요. 또 염기와 반응하여 염을 만들어요. 이산화 탄소를 석회수(수산화 칼슘, $Ca(OH)_2$)에 통과시키면 탄산 칼슘($CaCO_3$)의 침전이 생겨서 뿌옇게 흐려져요. 고체의 이산화 탄소는 1기압에서는 −79 ℃에서 승화하여 곧바로 기체가 되기 때문에 드라이아이스라고 불려요.

• 일산화 탄소(CO)

탄소나 탄소를 갖는 화합물이 불완전 연소될 때 일산화 탄소가 발생해요. 일산화 탄소는 무색, 무취이며 혈액 중의 헤모글로빈과 강하게 결합하여 혈액이 산소를 운반하는 역할을 방해하는 유독 기체예요.

규소(Si, **실리콘**)는 지각을 구성하는 원소 중에서 산소 다음으로 많이 존재하는 원소예요. 규소의 홑원소 물질은 거대 분자로 다이아몬드와 같은 구조를 가지고 있기 때문에 단단하고 녹는점도 높아요.

다이아몬드도 흑연(연필심)도 탄소(C)로 되어 있잖아요.
다이아몬드
흑연
뭐가 다르죠?
가격 …… 이건 농담이고
다이아몬드의 탄소 원자는 주위에 4개의 탄소 원자와 공유 결합하여 서로 강하게 연결되어 있어요.
다이아몬드의 구조
전체가 공유 결합으로 연결되어 있어서 굉장히 단단하지요.
하지만 흑연의 탄소 원자는 정육각형 타일을 쭉 깔아 놓은 것처럼 결합해서 생긴 모양으로, 판을 겹쳐 놓은 형태예요. 판 안의 탄소–탄소는 공유 결합을 하고 있지만 판과 판은 분자 간의 힘만으로 약하게 결합되어 있을 뿐이에요.
흑연의 구조
그래서 흑연(연필심)이 무르군요.
왠지 연필도 예사롭게 안 보이는걸–
함부로 다루면 ……
아! 부러졌다!
똑!

홑원소 물질은 자연계에는 존재하지 않고 산화물 등을 환원하여 만들어요. 규소의 결정은 금속 광택이 있고 전기 전도성은 금속과 비금속의 중간 크기예요. 고순도의 규소는 반도체의 재료로도 이용돼요.

● 규소(Si) 화합물

• 이산화 규소(SiO_2)

규소 화합물에는 이산화 규소나 규소산염이 있고, 암석이나 토양을 구성하고 있어요. 수정, 석영, 규사는 거의 순수한 이산화 규소예요. 유리의 주원료는 규사예요.

2-14 철, 구리란 무엇일까? - 금속 재료의 대표 선수

인류 역사에서 금속을 어떻게 이용해 왔는가는 **광석에서 금속을 추출하는 데 얼마나 어려움을 겪었는가**와 깊은 관련이 있어요. 천연 금, 천연 은, 천연 구리와 같은 것도 산출되지만 금속의 대부분은 산화물, 황화물 형태로 산출돼요. 화합물의 결합이 강할수록 광물에서 금속을 추출하기가 어려워요. 금속은 금, 은, 구리, 그리고 철이 오래전부터 알려져 있었고, 다음으로 납, 주석, 아연 그리고 근세에 들어서 알루미늄이 널리 쓰이고 있어요. 이 순서는 결합력의 세기와 관계가 있어요.

금속 재료의 세계는 타이타늄 등의 새로운 금속의 등장으로 종류도 다양해졌는데, 주인공은 역시 **철**이고, 예전보다는 덜하지만 **구리** 역시 주연급이에요. 또 **알루미늄**이 새롭게 부상했어요.

중금속이라는 금속도 빼놓을 수 없어요. 중금속은 밀도가 5 g/cm^3 이상의 금속을 가리키는 경우가 많으며, 일반적으로는 철, 망가니즈, 크로뮴, 니켈, 구리, 아연, 납, 주석 등을 말해요.

● 철(Fe)의 홑원소 물질과 화합물

철은 건축재료에서 일용품에 이르기까지 가장 널리 이용되는 금속이에요. 철이 뛰어난 성질을 갖는 합금(두 종류 이상의 금속을 섞은 것)을 만드는 것도 용도가 다양한 이유 중 하나예요. 탄소의 함유율이 0.04~1.7 %인 것을 강철이라고 하는데 단단하여 철골이나 철로 등에 이용돼요. 철의 산화에는 적갈색의 산화 철(Ⅲ)(붉은 녹, Fe_2O_3), 사산화 삼철(검은 녹, Fe_3O_4) 등이 있어요.

●구리(Cu)의 홑원소 물질과 화합물

구리의 홑원소 물질은 붉은 빛의 무른 금속으로 열을 잘 전달하고 전기를 잘 통해요. 그래서 전선 등의 전기 재료에 널리 사용되고 있어요. 구리를 공기 중에서 열을 가하면, 흑색의 산화 구리(Ⅱ)(CuO)가 돼요. 황산 구리(Ⅱ) 오수화물($CuSO_4 \cdot 5H_2O$)은 청색의 결정이에요. 이것을 가열하면 물을 잃고 백색 분말이 되며 물을 흡수했을 때 다시 청색이 돼요.

용광로에서는 코크스(석탄을 가열 분해한 것)가 타면서 1500 ℃ 정도의 고온이 된다. 이때 일산화 탄소(CO)가 생기며 일산화 탄소와 산화 철(Fe_2O_3, 철광석)이 반응하면, 철(Fe)이 환원되어 이산화 탄소(CO_2)가 배출된다.

$$Fe_2O_3 + 3CO \rightarrow 2Fe + 3CO_2$$

석회석은 철광석 안의 불순물을 제거하기 위해서 사용하며, 열풍로는 용광로에 불어 넣을 공기를 예열하기 위한 것이다. 환원된 철은 밑바닥에 쌓이므로 철만 추출할 수 있다.

표 강철의 종류와 탄소 함유율 및 용도

종류	탄소 함유율(%)	용도
특별 극연강	< 0.08	전선, 얇은 판
극연강	0.08 ~ 0.12	용접관, 새시, 리벳
연강	0.12 ~ 0.20	철골, 철근, 배, 자동차
반연강	0.20 ~ 0.30	배, 다리, 보일러
반경강	0.30 ~ 0.40	바퀴, 볼트
경강	0.40 ~ 0.50	실린더, 철길, 휠
최경강	0.50 ~ 0.80	차축, 나사, 철길, 휠

2-15 은, 금, 백금이란 무엇일까?
- 반지 등의 귀금속으로 유명

● 은(Ag)의 홑원소 물질과 화합물

은(Ag)의 홑원소 물질은 열을 잘 전달하며 전기를 잘 통해요. 또 공기 중에서 산화되기 어려워서 귀금속이나 화폐, 장신구에 사용돼요. 황과 반응을 잘해서 함께 가열하거나 황화 수소에 접촉하면 검은색의 황화 은(Ag_2S)을 생성해요.

또 열농황산(진한 황산을 가열한 것)이나 질산과 같이 산화력이 있는 산에 녹아요. Ag^+는 염화 이온(Cl^-)과 반응하여 염화 은(AgCl)의 침전물을 만들어요. 염화 은 등 '할로젠화 은'은 빛을 받으면 분해되어 은을 석출(액체 상태의 물질에서 결정 또는 고체 상태의 성분이 분리되어 나오는 현상)해요. 때문에 브로민화 은(AgBr)은 사진의 감광제로 이용돼요.

● 귀금속을 대표하는 금(Au)과 백금(Pt)

화학적으로 이온이 되기 어렵고 산이나 산화제에 영향을 받지 않는 금속을 **귀금속**이라고 해요. 금(Au), 백금(Pt), 루테늄(Ru), 로듐(Rh), 오스뮴(Os), 이리듐(Ir) 등이 있어요. 보통 은도 포함돼요.

금은 전성과 연성이 좋아서 금박의 얇기를 0.0001 mm로 가공할 수 있고, 또 1 g의 금으로 약 3,000 m의 긴 줄을 만들 수 있어요. 은과 구리 다음으로 전기와 열이 잘 흐르는 도체예요. 공기와 물속에서도 매우 안정되어 있어서 색이 변하지 않으며 산화제로도 산화되지 않고 산이나 염기에도 녹지 않아요. 하지만 왕수(진한 질산과 진한 염산의 혼합물)에는 녹아요.

붕~붕~
콜록 콜록
켁-켁
트럭 배기가스, 가끔 너무 심하지 않아요?
탄화수소나 CO(일산화 탄소), NOx (질소 산화물) 등이 나오니까
요즘은 배기 가스 정화용 자동차 촉매※를 써서 무해한 이산화 탄소나 질소, 물로 분해하고 있다고 해요.
참, 근데 말이야. 내 결혼 반지는
백금(플라티나)으로 정했어.
에!?
선생님 결혼하세요? 콜록콜록
오호홋!

※ 백금이 촉매로 사용됨

금은 많은 나라에서 화폐의 기준으로 사용되는 특별한 금속이며, 주로 공예품과 장식품을 비롯해서 치과 의료, 만년필 펜촉, 유리나 도자기의 착색제, 전자 공업용 등에 사용돼요. 순금 상태로는 너무 물러서 보통 구리나 은, 백금족 원소 등의 합금을 이용해요. 합금의 순도는 캐럿으로 표시해요. 캐럿은 순금을 24캐럿으로 하고, 예를 들면 금화는 21.6캐럿(금 90 %), 장신구는 18캐럿(금 75 %), 금 펜은 14캐럿(금 약 58.3 %)이에요.

백금(Pt)은 **플라티나**로도 불려요. 공기나 수분에 매우 안정되어 있고 고온에도 변하지 않으며, 산이나 염기에도 강하고 내식성이 뛰어나요. 다만 왕수에는 천천히 녹아요. 가루 상태 또는 백금 해면으로서 산화, 환원의 촉매로 이용돼요. 백금은 도량형 원기, 백금 저항 온도계, 실험용 도가니, 열전대, 전기 접점 재료, 발화전, 전극, 화학 장치, 장식용 등 다양한 곳에 사용돼요.

Column

수은의 빛과 그림자
– 편리한 금속이지만 사람에게 유해하다

상온에서 액체 상태인 금속은 수은뿐이에요. 은색의 액체로 표면 장력이 크기 때문에 바닥에 떨어뜨리면 구의 형태가 돼요. 수은은 여러 가지 금속을 녹여서 수은의 아말감을 만드는 성질이 있어요.

고대에는 금도금을 할 때 금을 수은에 녹여서 금 아말감을 만들고, 그것을 청동 불상 등에 입힌 후에 가열하여 수은만을 증발시켜 금을 남기는 방법을 사용했어요. 일본 나라에 있는 큰 불상 역시 과거에는 금빛 찬란했다고 전해져요.

수은이라고 하면 '독성'을 떠올리는 사람도 많을 텐데요. 사실 액체의 수은은 공기 중에 방치하면 증기가 되어 조금씩 확산해요. 이 증기를 소량이라도 장기간 흡입하면 중독 증상을 일으켜요.

'유독'하다고 알려진 가장 큰 이유는 미나마타병의 원인 물질이었기 때문이에요. 미나마타병은 일본 구마모토현 미나마타만 주변 지역과 니이가타현 아가노강 하류 지역에서 발생한 유기 수은 중독으로 일본의 대표적인 공해병 중 하나예요.

미나마타 공장 및 카노세 공장에서 처리가 제대로 이루어지지 않은 채 배출된 메틸 수은 폐액은 플랑크톤 → 작은 물고기 → 중간 크기 물고기 → 대형 물고기 → 사람으로 이어졌어요. 물속의 여러 생물들 간의 먹이 사슬을 거치면서 어패류에 고도의 생물 농축이 이루어지고, 오염된 어패류를 계속해서 다량 섭취한 사람들에게 피해가 발생한 거예요.

3
장

화학 결합이란 무엇일까?

물 분자(H_2O)는 수소 원자 2개와 산소 원자 1개로 이루어져 있어요. 그런데 어떻게 결합하고 있을까요?
제3장에서는 구조식, 분자식 및 세 가지 중요한 결합 방식과 조성식 등에 대해서 살펴볼게요.

3-01 물은 이상한 물질이다? – 고체인 얼음이 액체인 물에 뜬다

물(H_2O)은 우리에게 매우 중요하고 가장 가까이 있는 물질 중 하나예요. 또 어디에나 있는 흔한 물질이기도 해요. 물을 만드는 수소 원자는 우주에서 가장 많은 원소이며 산소 원자는 지구의 지각을 이루는 원소 중에서 가장 많아요. 지표의 70 %를 바닷물이 차지하며, 구름을 만들고 비가 되어 지형을 바꾸기도 해요.

그리고 생물의 몸 안에서 영양분 등을 운반하며 생명을 유지하고 있어요. 이렇게 우리 가까이에 있는 물은 실은 다른 물질과 다르게 특이한 성질을 갖고 있어요.

물은 분자의 크기가 거의 같은 다른 물질과 비교했을 때 녹는점과 끓는점이 매우 높아요. 예를 들어 물과 똑같이 수소를 2개 갖고 있는 황화 수소(H_2S)의 끓는점은 −60 ℃ 정도예요. 일반적으로 물질은 온도가 내려가면 부피는 작아지고 밀도는 커지는데, 물은 얼면 부피가 팽창해요. 왜냐하면 **액체의 물은 4 ℃에서 밀도가 최대**이기 때문이에요. 4 ℃의 물을 더 차갑게 하면 밀도는 작아지고 부피는 조금이지만 팽창해요. 때문에 얼음은 물보다 밀도가 작아서 물에 뜨는 거예요. 또 물은 많은 물질을 녹이기 때문에 생명 발생과 진화에 꼭 필요했어요.

물이 어떻게 이런 성질을 가질까요? 그것은 **물 분자가 수소와 산소로 이루어져 있고 분자의 형태가 '∧' 모양으로 굽어 있기 때문**이에요. 그래서 다양한 성질이 있어요.

자, 그러면 물이 갖고 있는 비밀을 '원자의 결합 방법', '분자의 형태', '전자의 끌어당김' 등과 관련해서 설명해 볼게요.

영하 20 ℃ 세계에 오신 걸 환영해요.
추~ 춥다!
자, 여기에 주목해 주세요. 물은 딱딱하게 얼어 있는데
꽁꽁
물
뷰테인
뷰테인은 액체 상태예요. 이것이 바로 녹는점의 차이예요.
그런데 왜 호수는 표면부터 어는지 알아요?
그건… 표면이 바깥 공기와 접촉해서가 아닐까요?
그게 이상한 건가요?
보통의 물질은 얼면 밀도가 커지거나 무거워지지만,
얼음은 물보다 밀도가 작기 때문에 동결한 얼음은 표면에 머문다.
0℃
4℃
물은 얼면 약간 밀도가 작아져서 뜨고 표면에 머물기 때문에 어는 거예요.
이것이 물의 재밌는 성질이에요.
물의 밀도는 4 ℃에서 최대가 되기 때문에 4 ℃의 물이 바닥에 쌓인다. 그래서 바닥까지 얼지 않는다.
빙어 안 잡히네~
설명 좀 들어!

※ 보통 물질은 온도가 내려가서 고체가 되면 부피가 작아지기 때문에 액체보다 고체의 밀도가 커진다. 그래서 고체가 액체에 가라앉는다. 그러나 물은 온도가 내려가서 고체가 되면 부피가 커진다. 그러면 액체인 물보다 고체인 얼음이 밀도가 작아져서 고체인 얼음은 액체인 물에 뜨게 된다.

3-02 물은 왜 H_2O? 수소는 왜 H_2? – 원자는 안정된 비활성 기체의 전자 배치가 되려고 한다

물은 어떻게 수소 원자 2개와 산소 원자 1개로 이루어져 있을까요? 수소 원자 1개와 산소 원자 1개는 안 될까요? 이 물음에 답하기 위해서는 원자와 원자의 결합을 이해할 필요가 있어요.

원자는 헬륨(He), 네온(Ne), 아르곤(Ar)과 같은 비활성 기체 그룹의 전자 배치가 되면 에너지적으로 안정돼요. 그래서 **원자는 전자를 빌리거나 빌려줘서 이와 같은 전자 배치가 되려고 해요.** 예를 들면 처음부터 안정된 전자 배치를 갖는 비활성 기체 원자는 다른 원자와 결합하기 어려워서 혼자서 분자로 존재해요.

그렇다면 에너지적으로 불안정한 다른 원자는 어떠할까요? 에너지적으로 불안정한 원자는 **원자끼리 서로 전자를 공유해서 비활성 기체의 전자 배치가 되려고 해요.**

예를 들면 수소 원자의 경우 전자 배치가 가장 비슷한 헬륨 원자(비활성 기체의 한 종류)와 같은 전자 배치가 되기 위해서는 전자가 1개 부족해요. 원자가 전자(원자의 전자 궤도의 가장 바깥 껍질에 존재하여 결합이나 성질을 좌우하는 전자)가 1개밖에 없어서예요.

그래서 2개의 수소 원자는 자신의 원자가 전자를 서로 사용할 수 있도록 내놓아요. 이렇게 하면 2개의 수소 원자는 전자를 2개 사용할 수 있게 되고, 전자 배치는 안정된 헬륨형이 돼요. 수소 분자는 수소 원자 2개가 되고 분자를 나타내는 분자식은 H_2예요. 이 결합은 서로가 전자를 공유하고 있다고 해서 **공유 결합**이라고 해요.

원자는 비활성 기체(헬륨He, 네온Ne, 아르곤Ar)의 전자 배치가 되면 안정돼요.
2+
10+
18+
2He
10Ne
18Ar
비활성 기체 이외의 원자는 어떻게 돼요?
미소는 마음이 불안할 때 어떻게 하지요?
음, 친구에게 전화해요.
원자도 마찬가지예요.
전자 배치가 불안정한 원자는 친구를 불러서 함께 하여
자신의 전자 배치를 안정된 전자 배치로 만들어요.
수소 분자 H_2 ($_1H$는 원자가 전자 1개)
He형 He형
공유 결합
Ne형 Ne형
플루오린 분자 F_2
($_9F$는 원자가 전자 7개)
다음에 불안할 땐 꼭 나한테 전화해 줘!!
토끼가 휴대 전화를 갖고 있다고!?
대단해~!

※ 플루오린 원자의 경우는 원자가 전자가 7개로 안정된 비활성 네온보다 원자가 전자가 1개 적기 때문에 서로 1개씩 원자가 전자를 내놓고 공유 결합한다. 그래서 플루오린 원자의 전자 배치는 안정된 네온형이 된다.

그러면 물 분자는 어떻게 해서 H_2O일까요? 물 분자는 수소 원자와 산소 원자로 이루어져 있어요. 앞에서 설명한 대로 수소 원자의 전자 배치는 안정된 전자 배치인 헬륨형보다 원자가 전자가 1개 적고, 산소 원자 역시 안정된 전자 배치의 네온형보다 원자가 전자가 2개 적어요. 그런데 어떻게 해서 수소 원자의 전자 배치가 헬륨형으로, 산소 원자의 전자 배치가 네온형으로 될 수 있을까요? 단순히 수소 원자 1개와 산소 원자 1개가 공유 결합했다고 했을 때, 수소 원자는 헬륨형이 될 수 있지만 산소 원자는 네온형이 될 수 없어요. 아직도 1개가 부족하기 때문이에요.

그렇다면 또 1개의 수소 원자가 산소 원자와 공유 결합하면 어떻게 될까요? **그림 3-2-1**과 같이 **산소 원자 1개에 수소 원자 2개가 공유 결합하면 모든 원자가 안정된 비활성 기체의 전자 배치가 돼요.** 이렇게 해서 불안정한 수소 원자와 산소 원자가 결합하여 안정된 형태를 이루어요. 수소 원자와 산소 원자로 이루어진 물 분자는 수소 원자 2개와 산소 원자 1개로 이루어지고 물 분자는 분자식이 H_2O가 되는 거예요.

전자 배치도를 좀 더 간단하게 나타내는 방법이 있어요. 바로 **루이스 전자점식**이라 해서 **그림 3-2-2**와 같이 원소 기호 주위에 있는 원자가 전자를 '●'나 '○' 등으로 표시하는 방법이에요.

더 간단한 방법으로 **그림 3-2-3**과 같이 공유하고 있는 전자쌍(**공유 전자쌍**)을 '—' (결합선)으로 나타낸 화학식을 **구조식**이라고 해요. 일반적으로 구조식에서는 공유하지 않은 전자쌍(**비공유 전자쌍**)은 나타내지 않아요.

물도 불안정한 수소(H)와 산소 (O)가 **서로 전자를 공유**하며 결합하고 있어요.
그림 3-2-1
수소
산소
수소
1+
8+
1+
He형
Ne형
He형
원소 기호 주위에 있는 원자의 원자를 ●로 표시
원소 기호
물 분자의 루이스 전자점식이에요. 수소 원자의 원자가 전자는 ●, 산소 원자의 원자가 전자는 ○이에요.
그림 3-2-2
H H
물 분자의 구조식이에요. 수소 원자와 산소 원자가 공유하는 전자 ●○만을 '—'로 바꿔요. 공유하지 않는 다른 전자 ○는 나타내지 않아요.
그림 3-2-3
H—O—H
그렇구나~

3-03 구조식은 어떻게 나타낼까? – 요령만 알면 간단하다

분자의 구조식은 어떻게 쓸까요? 구조식을 쓸 때는 요령이 있어요. 먼저 결합을 나타내는 '—'(결합선)의 수를 알아야 해요. 결합선의 수는 원자에 따라 다르며 **원자가 전자 상태에 따라 정해져요.**

수소 원자는 원자가 전자가 1개예요. 다른 1개의 전자를 얻으면 공유 결합하므로 결합선의 수는 1개예요. 산소는 원자가 전자의 수가 6개로 다른 2개의 전자를 얻으면 공유 결합이 가능하기 때문에 결합선의 수는 2개예요. 이렇게 따지면 질소 원자의 결합선의 수는 3개, 탄소 원자의 결합선의 수는 4개가 돼요(**그림 3-3-1**).

결합선을 결합하는 손이라고 생각해서 **서로 악수하는 것처럼 나타내면 구조식이 완성돼요.** 물 분자는 **그림 3-3-2**와 같이 나타낼 수 있어요. 수소는 결합선이 1개, 산소는 2개로 서로의 결합선을 모두 연결시켜서 나타내요.

● 여러 가지 분자의 구조식을 나타내 보자(그림 3-3-3 참조)

1 질소 원자(N)와 수소 원자(H)로 이루어진 분자

질소 원자는 결합선이 3개이고 수소 원자는 1개예요. 따라서 전체의 결합선을 연결하기 위해서 질소 원자 1개에 수소 원자 3개가 결합해요. 이렇게 해서 생긴 NH_3를 암모니아라고 해요.

2 탄소 원자(C)와 수소 원자(H)로 이루어진 분자

탄소 원자는 결합선이 4개이고 수소 원자는 1개예요. 그래서 전체의 결합선을 연결하기 위해서 탄소 원자 1개에 수소 원자 4개가 결합해요. 이렇게 생긴 CH_4는 메테인이라고 불러요.

탄소 원자(C)와 수소 원자(H)로 이루어진 분자는 여러 가지가 있어요. 탄소 원자를 2개로 하고 수소 원자 H의 수를 바꾸어 볼게요. 역시 결합선이 1개로 연결되는 단일 결합(보통의 공유 결합) 외에 2개로 연결되는 이중 결합, 3개로 연결되는 삼중 결합이 있어요.

3 탄소 원자(C) 2개와 수소 원자(H) 6개의 분자

에테인(C_2H_6)이라고 해요.

4 탄소 원자(C) 2개와 수소 원자(H) 4개의 분자

에틸렌(C_2H_4)이라고 해요.

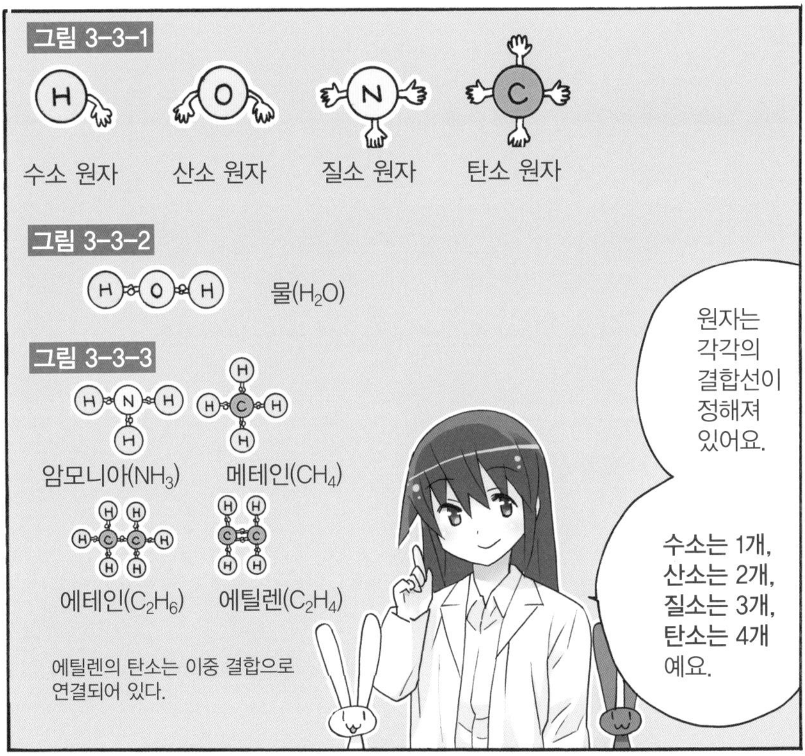

알고 넘어가기 1
– 구조식과 분자식을 나타내 보자

다음 원자의 종류와 개수를 보고 분자의 구조식과 분자식을 나타내 보자.

문제1 탄소 원자 3개와 수소 원자 8개

문제2 탄소 원자 2개와 수소 원자 2개

문제3 탄소 원자 1개와 산소 원자 2개

문제4 질소 원자 2개

문제5 탄소 원자 2개와 산소 원자 1개와 수소 원자 6개

문제6 수소 원자 1개와 탄소 원자 1개와 질소 원자 1개

문제7 탄소 원자 2개와 산소 원자 2개와 수소 원자 4개

▶ 해답은 126p

3-04 물 분자는 어떤 형태일까?
– 물 분자는 입체적으로 생겼다

물 분자는 어떤 형태를 하고 있을까요? 1개의 원자 주위에 존재하는 **공유 전자쌍, 비공유 전자쌍** 등 전자 밀도가 높은 영역은 서로 전기적인 반발로 가능한 한 멀리 떨어져 있으려고 해요[1].

다시 말해서 **전자 밀도가 높은 영역이 2곳인 경우는 서로가 반대 방향을 향해서 직선 형태로 배치돼요. 또 전자 밀도가 높은 영역이 3곳인 경우는 삼각형, 4곳인 경우는 정사면체 등이 돼요.**

예를 들면 이산화 탄소의 경우 중심 원소인 탄소 원자는 2쌍의 공유 전자쌍을 2개 가지며, 비공유 전자쌍을 갖지 않아요. 이 2쌍의 공유 전자쌍을 전자 밀도가 높은 영역이라고 간주하면 전자 밀도가 높은 영역은 2곳이 돼요. 따라서 이산화 탄소의 입체 구조는 직선형이 돼요. 또 산소 원자는 각각 2곳의 비공유 전자쌍을 갖는데 그 방향으로는 원자가 결합하지 않아요. 원자가 존재하는 것은 공유 전자쌍이 있는 방향이에요.

물의 경우 산소 원자 주위에는 공유 전자쌍이 2개, 비공유 전자쌍이 2개로 합계 4곳에 전자 밀도가 높은 영역이 존재해요. 그래서 **정사면체**가 되는데 전자쌍의 종류가 다르기 때문에 각각의 반발력이 달라서 정사면체를 이루지는 못해요. **공유 전자쌍끼리의 반발력보다 비공유 전자쌍끼리의 반발력이 크기** 때문에 공유 전자쌍 쪽의 결합각(분자 내의 2개의 인접하는 결합 간의 각)이 작아져요. 그 결과 물(H_2O)은 **굽은형**이 돼요. 공유 전자쌍끼리의 반발력과 비공유 전자쌍끼리의 반발력이 달라서 분자 형태에 영향을 주는 거예요.

---

1 역자 주: 전자쌍 반발 이론: 공유 결합 분자에서 중심 원자 주위의 가장 바깥 전자 껍질의 전자쌍들은 반발력을 최소화하기 위해서 가능한 한 멀리 떨어져 있으려고 한다.

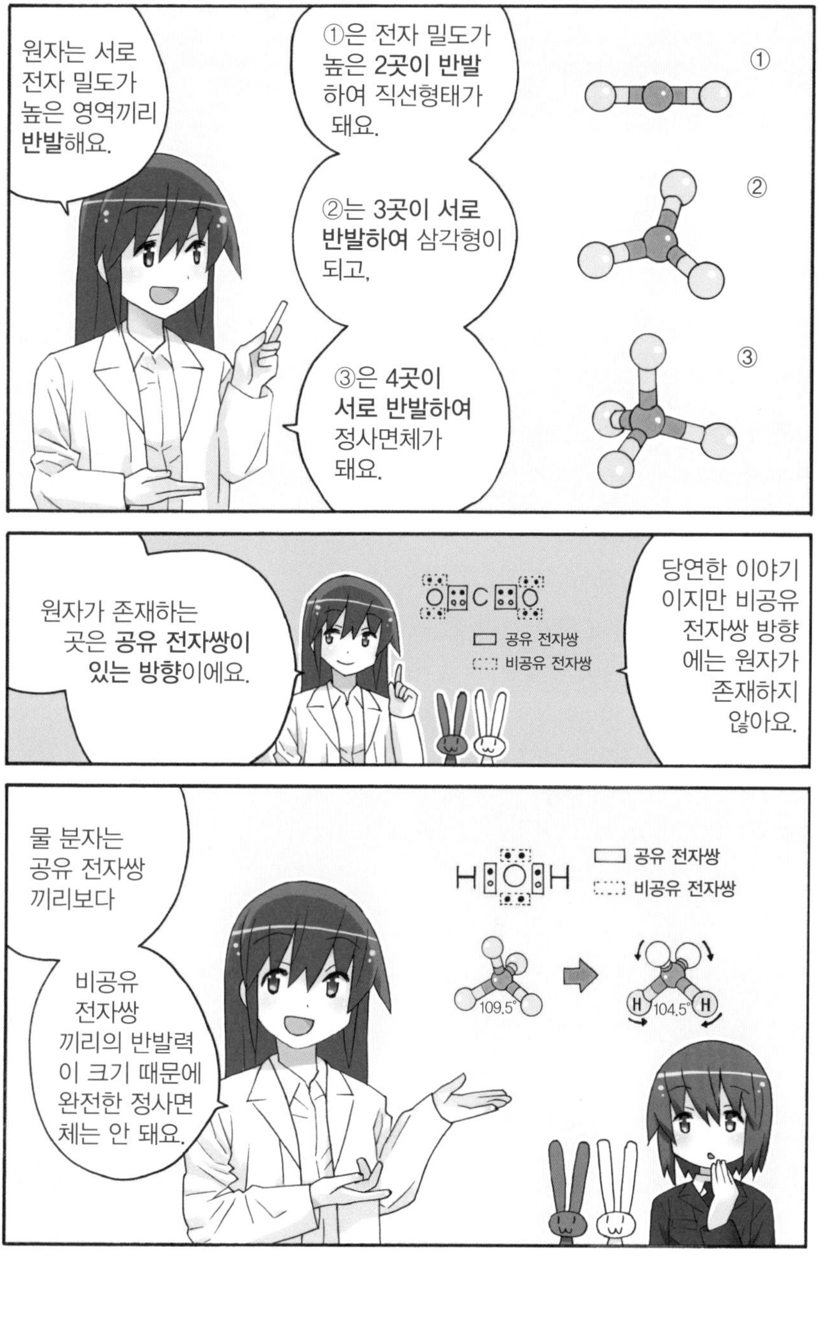

원자는 서로 전자 밀도가 높은 영역끼리 **반발**해요.
①은 전자 밀도가 높은 **2곳이 반발**하여 직선형태가 돼요.
②는 **3곳이 서로 반발하여** 삼각형이 되고,
③은 **4곳이 서로 반발하여** 정사면체가 돼요.
①
②
③
원자가 존재하는 곳은 **공유 전자쌍이 있는 방향**이에요.
O C O
공유 전자쌍
비공유 전자쌍
당연한 이야기이지만 비공유 전자쌍 방향에는 원자가 존재하지 않아요.
물 분자는 공유 전자쌍끼리보다
비공유 전자쌍끼리의 반발력이 크기 때문에 완전한 정사면체는 안 돼요.
H O H
공유 전자쌍
비공유 전자쌍
109.5°
H
104.5°
H

3-05 분자의 극성이란 무엇일까? – 전기 음성도 및 분자의 형태가 영향을 미친다

같은 원자 2개가 공유 결합을 하면, 공유 전자쌍(−)은 2개 원자의 원자핵(+)에서 같은 세기로 끌어당겨져요. 이와 같은 경우에 공유 전자쌍은 균등하게 분포해요. 이에 반해서 다른 원자끼리 공유 결합을 하면, 공유 전자쌍은 공유 전자쌍을 끌어당기는 힘이 큰 원소 쪽으로 치우쳐요.

분자 간의 원자가 공유 전자쌍을 끌어당기는 힘의 크기를 상대적인 수치로 나타낸 것이 **전기 음성도**예요. 주기율표에서 비활성 기체를 제외하면 오른쪽 위로 갈수록 전기 음성도가 커져요. 반대로 왼쪽 아래로 갈수록 전기 음성도는 작아져요.

예를 들면 염산(HCl)의 경우 수소 원자(H)의 전기 음성도는 2.1이고, 염소 원자(Cl)의 전기 음성도는 3.0이기 때문에 공유 전자쌍(−)은 염소(Cl) 쪽으로 끌어당겨져요.

그 결과 염소 원자는 부분적으로 음전하(δ[델타] −)를, 수소 원자는 부분적으로 양전하($\delta+$)를 띠어요. 이처럼 공유 전자쌍이 한쪽 원자로 치우친 결합일 경우 **극성이 있다**고 해요.

2개의 원자로 이루어진 분자의 경우는 H−H와 같이 결합에 극성이 없으면 분자 전체로도 극성을 갖지 않는데 반해서, H−Cl과 같이 결합에 극성이 있는 경우에는 분자 전체로도 극성을 가져요.

3개 이상의 원자로 이루어진 분자의 경우는 조금 복잡해져요. 분자의 형태도 극성에 영향을 미쳐요. 예를 들면 이산화 탄소의 경우 C=O에는 극성이 있지만, 분자 형태가 직선형이므로 2개의 C=O의 극성 크기는 같아요. 하지만 방향은 반대이기 때문에 부분 전하가 상쇄되어 분자 전체는 극성을 갖지 않아요. 메테인 역시 정사면체의 구조를 이루기 때문에 극성이 서로 상쇄되어 분자 전체는 극성을 갖지 않아요.

그러나 물의 경우 H−O에는 극성이 있고 분자가 굽은 형태여서 2개의 H−O의 극성은 서로 상쇄되지 않고 분자 전체가 극성을 갖게 돼요.

그림 3-5-1 전기 음성도란?

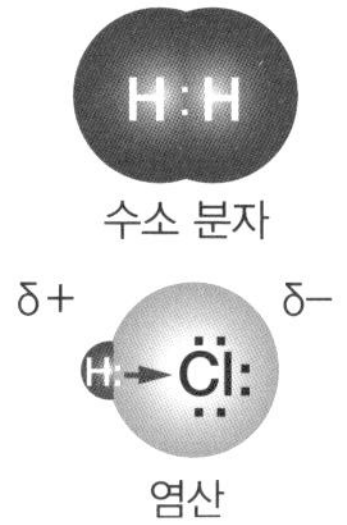

그림 3-5-2 각 원소의 전기 음성도

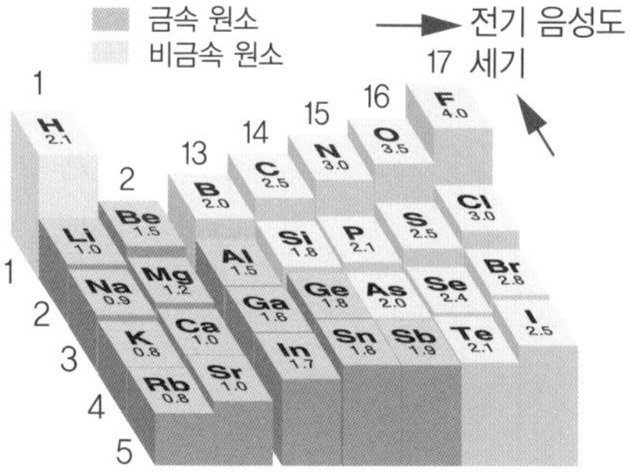

주기율표의 오른쪽 위로 갈수록 전기 음성도는 커진다.

그림 3-5-3 결합에 극성이 없고(무극성 공유 결합), 분자 전체가 극성이 없는 분자(무극성 분자)

그림 3-5-4 결합에 극성이 있지만(극성 공유 결합), 분자 전체가 극성이 없는 분자(무극성 분자)

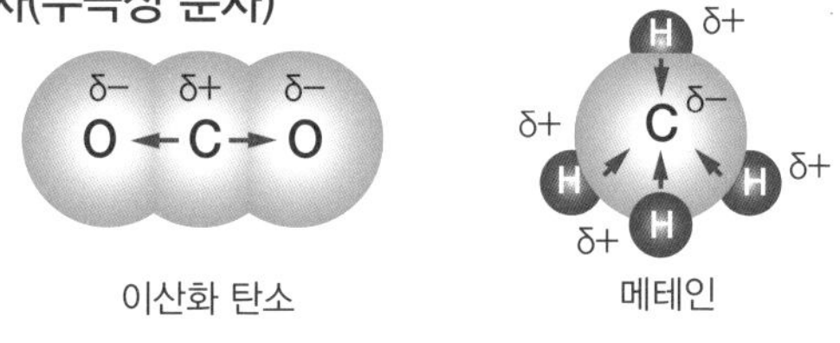

그림 3-5-5 결합에 극성이 있고(극성 공유 결합), 분자 전체가 극성이 있는 분자(극성 분자)

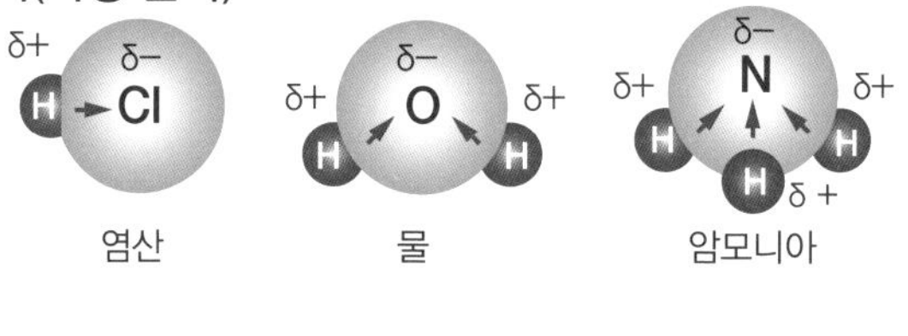

3-06 물 분자의 특이한 성질이란? – 물의 극성과 분자의 형태가 원인

앞에서도 설명했듯이 물 분자를 이루는 수소 원자와 산소 원자는 전기 음성도의 차이가 크고(수소 원자의 전기 음성도는 2.1, 산소 원자의 전기 음성도는 3.5), 또한 분자의 형태가 굽은 형태이기 때문에 **강한 극성**을 가져요.

이웃한 분자끼리 끌어당길 때 부분적으로 (+)전하를 띠는 수소 원자와 (–)전하를 띠는 산소 원자 사이의 정전기적 인력은 일반 극성 분자보다 강하게 작용해요.

이처럼 수소 원자를 사이에 두고 서로 이웃한 분자가 끌어당기는 결합을 **수소 결합**이라고 해요.

물처럼 수소 결합을 하는 분자는 이웃한 분자끼리 끌어당기는 힘이 크기 때문에, 액체가 증발해서 기체가 될 때 분자는 떨어지기 어렵고 따라서 증발하기 어려워요. 크기가 비슷한 다른 분자에 비해서 **끓는점이 높은** 이유예요.

일반적으로 물질이 고체 상태일 때 분자끼리 밀접하게 모여 있어서 틈이 작아지므로 액체 상태일 때보다 밀도가 커지고 액체에 가라앉아요.

그러나 얼음의 결정은 1개의 물 분자에 정사면체의 꼭대기 방향으로 4개의 물 분자가 수소 결합하여 틈이 큰 결정을 만들어요(**그림 3-6** 참조). 때문에 물이 얼어서 얼음이 되면 부피가 증가하고 밀도가 작아져서 물의 고체인 얼음은 물(액체)에 뜨게 되는 거예요.

이처럼 **물은 지구상에서 어느 곳에나 있는 흔한 물질이지만 수소 원자와 산소 원자의 전기 음성도의 차이가 크며 분자의 형태가 굽은형이기 때문에, 크기가 비슷한 다른 분자와는 아주 다른 성질을 갖는** 거예요.

그림 3-6 얼음 결정 구조와 수소 결합

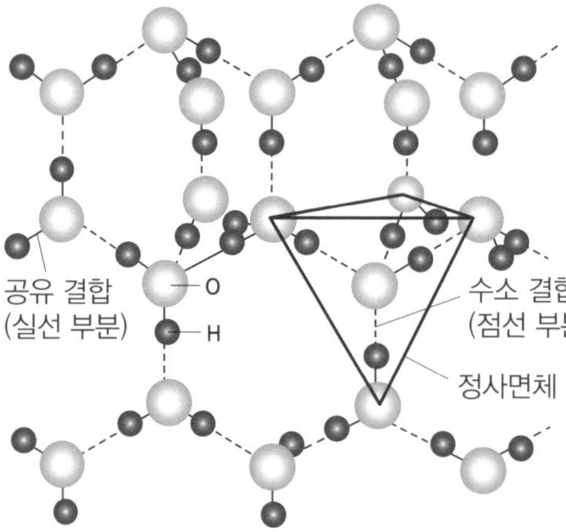

공유 결합
(실선 부분)
O
H
수소 결합
(점선 부분)
정사면체

(+)전하를 가진 수소 원자와 (−)전하를 가진 산소 원자가 강하게 서로 끌어당기는 결합을 **수소 결합**이라고 해요. 수소 결합은 원자 간의 화학 결합이 아니라 분자 사이에 일어나는 힘에 의한 결합이에요.

3-07 이온 결정을 결합시키는 힘은 무엇일까?

– 정전기적 인력으로 결합한다

소금의 주성분인 염화 소듐(NaCl)도 물처럼 분자 형태로 존재할까요? 염화 소듐 분자는 과연 존재할까요? 실은 염화 소듐은 소듐 원자(Na)와 염소 원자(Cl)의 전기 음성도의 차이가 매우 커서(소듐 원자의 전기 음성도는 0.9, 염소 원자의 전기 음성도는 3.0), 소듐 원자의 전자는 염소 원자의 방향으로 완전히 이동해 버려요(**그림 3-7-1**).

$$Na \rightarrow Na^{+} + e^{-}$$ (e^{-}는 전자)

$$Cl + e^{-} \rightarrow Cl^{-}$$

염화 소듐 결정은 **그림 3-7-2**처럼 다수의 소듐 이온과 염화 이온이 1:1의 비율로 규칙적으로 배열된 이온 결정 형태예요. 소듐 이온(Na^{+})과 같은 양이온과 염화 이온(Cl^{-})과 같은 음이온은 플러스와 마이너스 전하 사이의 **정전기적 인력(쿨롱힘**, coulomb's force)으로 끌어당기고 결합해요.

그림 3-7-1 이동하는 전자(e^{-})

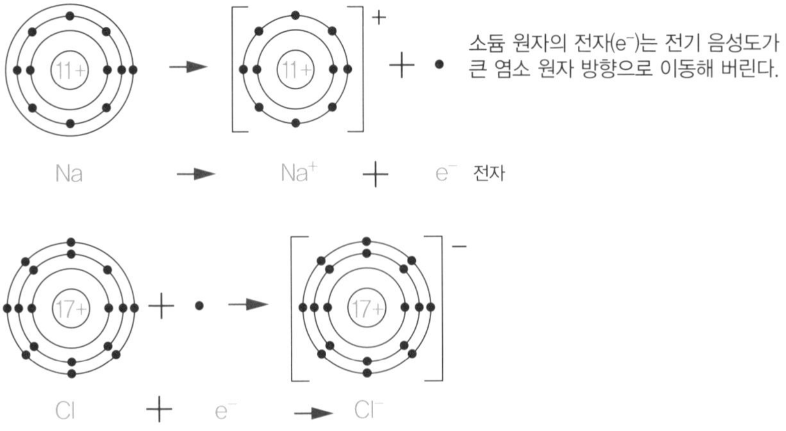

이러한 정전기적 인력으로 형성된 결합을 **이온 결합**이라고 해요(그림 3-7-3). 이온 결정은 이온 결합에 의해서 강하게 연결되어 있기 때문에 단단하며 녹는점도 높아요.

그림 3-7-2 **염화 소듐의 결정**

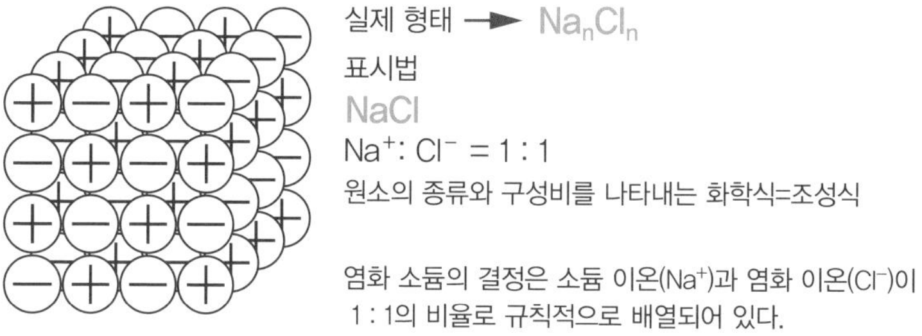

실제 형태 → Na_nCl_n
표시법
NaCl
Na^+: Cl^- = 1 : 1
원소의 종류와 구성비를 나타내는 화학식=조성식
염화 소듐의 결정은 소듐 이온(Na^+)과 염화 이온(Cl^-)이 1 : 1의 비율로 규칙적으로 배열되어 있다.

그림 3-7-3 **이온 결합이란?**

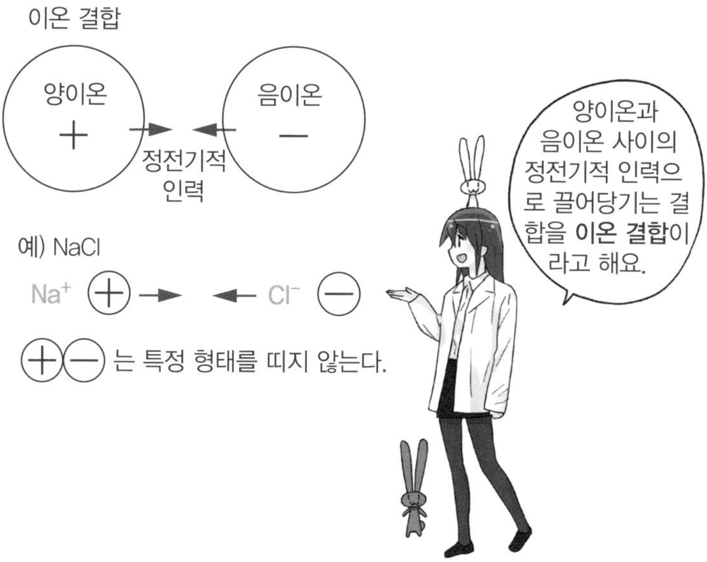

이온 결합
양이온
+
음이온
−
정전기적 인력
예) NaCl
Na^+
Cl^-
+− 는 특정 형태를 띠지 않는다.
양이온과 음이온 사이의 정전기적 인력으로 끌어당기는 결합을 이온 결합이라고 해요.

3-08 조성식이란 무엇일까? – 이온 결정의 화학식

이온 결정이란 양이온과 음이온이 전기적으로 균형을 이루어 일정한 비율로 결합한 물질을 말해요. 두 이온은 서로 반대 전하를 띠고 있어서 전기적 인력이 작용하며, 이렇게 양이온과 음이온 사이에 정전기적 인력으로 형성된 결합을 **이온 결합**이라고 해요. 기호로 표시할 때는 이온의 수를 가장 간단한 정수비로 나타낸 **조성식**을 사용해요. 예를 들어 염화 소듐이면 Na^+와 Cl^-의 비율이 1:1이기 때문에 조성식은 NaCl이 돼요. 염화 마그네슘의 경우는 Mg^{2+}와 Cl^-의 비율이 1:2이기 때문에 조성식은 $MgCl_2$가 돼요.

	이온의 전하	이온의 수		전하의 합계
Mg^{2+}	(2+)	(2+)×1	=	2+
Cl^-	(1–)	(1–)×2	=	2–
$MgCl_2$				0

● 조성식 나타내는 순서

1 양이온을 먼저 쓰고 나중에 음이온을 쓴다. 이온의 오른쪽 위의 숫자와 부호 (+, –)는 생략.

2 (이온의 전하)와 (이온의 수)를 조정하여 전체의 전하량이 0이 되도록 한다.

※ 이온의 수는 오른쪽 밑에 첨자로 나타낸다. 단, 1은 생략.

3 다원자 이온이 2개 이상일 때는 (　　)로 묶는다.

● 이온으로 이루어진 물질 이름

이온으로 이루어진 물질 이름은 이온 이름에서 '이온'이란 말을 뺀 다음 음이온을 먼저 쓰고 양이온을 나중에 써요.

(음이온 이름 − 이온) + (양이온 이름 − 이온)

● 조성식 나타내는 법

1 양이온 + 음이온 순서대로 배열한다.

예) Na^+ Cl^-

2 이온 전하와 이온 수를 조정한다.

예) Mg^{2+} Cl^-

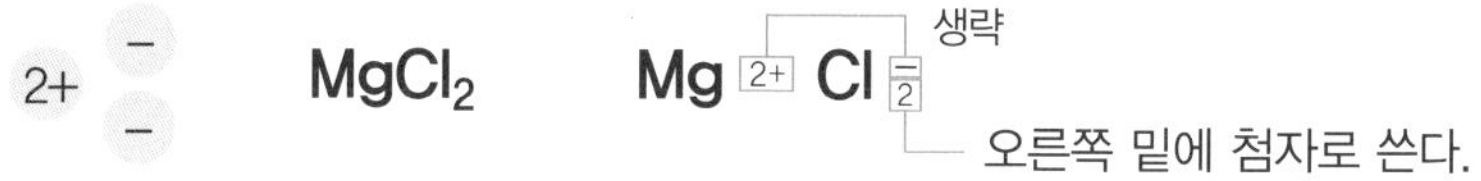

3 다원자 이온이 2개 이상 있을 때는 (   )로 묶는다.

예) Mg^{2+} OH^-

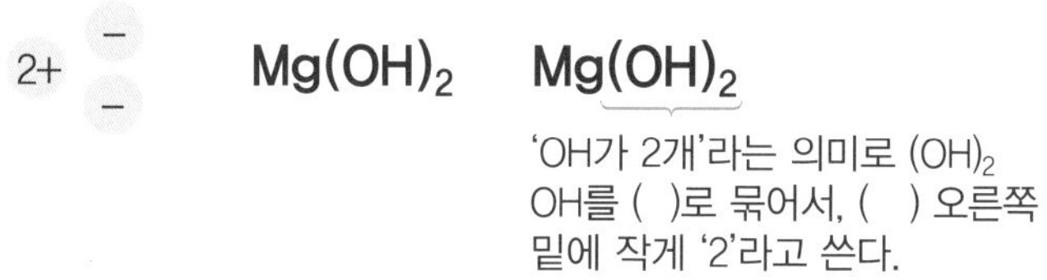

● 조성식 이름 붙이는 법

(음이온 이름 − 이온) + (양이온 이름 − 이온)

예)

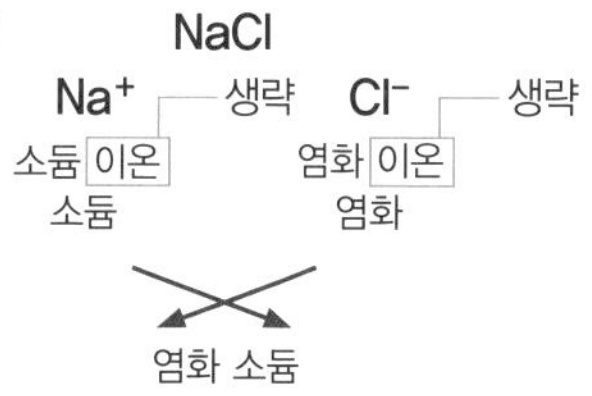

알고 넘어가기 2
– 조성식을 써 보자

다음 빈칸을 채워 보자. 단, 이온의 조성으로 생기는 이온 결정의 조성식은 상단에, 물질 이름은 하단에 쓴다.

음이온 / 양이온	Cl^-	O^{2-}	OH^-	SO_4^{2-}
Na^+	①	⑤	⑧	⑫
Ca^{2+}	②	⑥	⑨	⑬
Al^{3+}	③	⑦	⑩	⑭
NH_4^+	④		⑪	⑮

• **힌트 1**

Na^+	소듐 이온	Cl^-	염화 이온
Ca^{2+}	칼슘 이온	O^{2-}	산화 이온
Al^{3+}	알루미늄 이온	OH^-	수산화 이온
NH_4^+	암모늄 이온	SO_4^{2-}	황산 이온

• **힌트 2**

NH_4^+와 SO_4^{2-}의 NH_4와 SO_4는 하나의 덩어리이므로 형태는 변하지 않는다.

▶ 해답은 128p

3-09 금속 원자를 결합시키는 힘은 무엇일까? – 금속 결합은 자유 전자 덕분이다

원소는 금속 원소와 비금속 원소로 나뉘어요. 금속 원소끼리 이루어진 결합을 **금속 결합**이라라고 해요. 그러면 금속(철이나 알루미늄 등)은 어떻게 금속 결합을 이루는 걸까요?

금속 원자가 많이 모여서 금속을 이루면 원자가 전자는 원자에서 떨어져 나와 금속 전체를 자유롭게 움직여요. 이러한 전자를 **자유 전자**라고 하고 자유 전자에 의한 금속 원자 간의 결합을 금속 결합이라고 해요.

금속의 특징에는 다음과 같은 것이 있으며 이러한 특징은 자유 전자와 관계가 있어요.

• 금속의 특징

1 전기나 열을 잘 통한다

자유 전자의 이동에 의해 전기나 열이 운반된다.

2 금속 광택

자유 전자가 빛을 반사하여 독특한 빛을 낸다.

3 연성, 전성

금속은 분자와 같은 특정한 구조를 만들지 않는다.

이온은 어긋나면 정전기적 힘에 의해 반발하여 깨져 버리는데, 금속은 **가늘고 길게 늘어나는 성질(연성)**과 **얇게 펴지는 성질(전성)**을 가지며 깨지지 않아요.

왜냐하면 자유 전자가 금속 원자를 이어주는 접착제와 같은 작용을 하고 있어서예요. 힘을 가했을 때 원자 배열이 어긋나더라도 원자 사이의 결합은 자유 전자에 의해서 유지되는 성질을 갖고 있어요.

금속 결합이란 금속 원자 사이를 전자가 자유롭게 다니는 상태를 말해요.
이때의 전자를 자유 전자라고 해요. 금속은 자유 전자 덕분에 두드릴 때 얇게 퍼져요.
금속 원자
자유 전자
얇아지는 것은 미소와 닮았네!
또 뭐라는 거지.
자~ 자~ 그런데 금속이 왜 얇아지는지 아나요?
아뇨, 왜죠?
자유 전자가 뭔가 작용하고 있나요?
맞아요! 금속은 힘이 가해져도 자유 전자가 접착제와 같은 역할을 해요.
그래서 변형이 되도 깨지기 어려운 거예요.
미소도 두드리면 키가 늘어나지 않을까? ㅋㅋ
교실 밖으로 내보낸다!

표 세 가지 결합과 그 특징

공유 결합	분자를 만든다. 비금속 원소끼리 이루어진다.
이온 결합	이온 결정을 만든다. 금속 원소와 비금속 원소로 이루어진다. 힘을 가해서 이온이 어긋나면 정전기적 힘에 의해 반발하여 깨져 버린다.
금속 결합	금속 결정을 만든다. 금속 원소끼리 이루어진다. 힘을 가하면 원자가 이동하여 변형하기 때문에 깨지지 않는다.

알고 넘어가기 1
해답

문제1 탄소 원자 3개와 수소 원자 8개

C_3H_8

프로페인(프로판, 가정용 연료 가스)

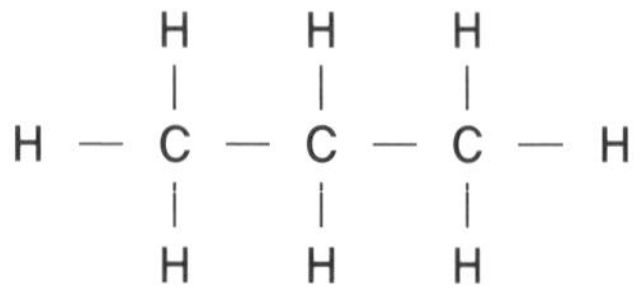

문제2 탄소 원자 2개와 수소 원자 2개

C_2H_2

아세틸렌(용접용 가스)

문제3 탄소 원자 1개와 산소 원자 2개

CO_2

이산화 탄소

문제4 질소 원자 2개

N_2

질소

문제5 탄소 원자 2개와 산소 원자 1개와 수소 원자 6개
다음과 같은 두 종류의 구조식을 생각할 수 있다.
이와 같은 관계를 구조 이성질체라고 한다.

C_2H_5OH

에탄올(음료용 알코올)

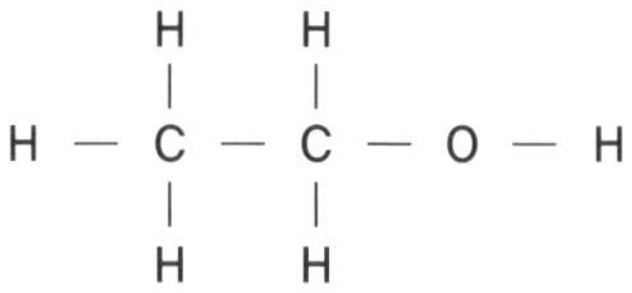

CH_3OCH_3

다이메틸 에터

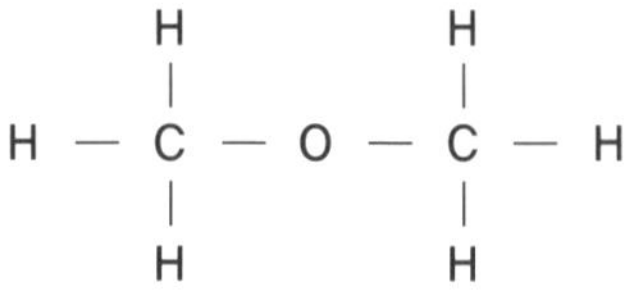

문제6 수소 원자 1개와 탄소 원자 1개와 질소 원자 1개

HCN

사이안화 수소(청산이라고 불리는 맹독)

문제7 탄소 원자 2개와 산소 원자 2개와 수소 원자 4개

몇 가지 구조 이성질체가 있는데, 일반적으로 존재하는 것은 다음 물질뿐이다.

CH_3COOH

아세트산(= 초산, 식초의 약 4 % 포함)

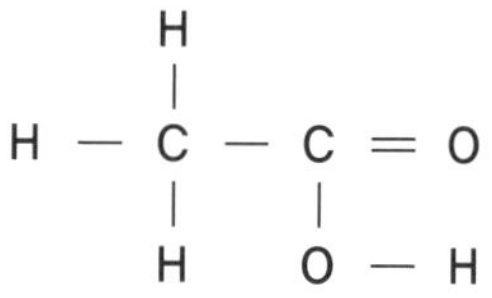

※ = 은 이중 결합, ≡은 삼중 결합을 의미한다.

알고 넘어가기 2
해답

① NaCl 염화 소듐

→ 소금의 주성분으로 바닷물의 3 %.

② $CaCl_2$ 염화 칼슘

→ 건조제로 쓰이며, 두부를 단단하게 하는 '간수' 성분.

③ $AlCl_3$ 염화 알루미늄

→ 알루미늄을 염산에 녹여서 만든다. 폴리 염화 알루미늄은 상하수도의 응집제(미립자를 달라 붙게 하여 덩어리로 만듦)로 사용된다.

④ NH_4Cl 염화 암모늄

→ 합성 비료로 사용된다. 기체의 암모니아에 기체의 염화 수소를 반응시키면 흰색 연기가 생긴다.

⑤ Na_2O 산화 소듐

→ 흰색의 고체

⑥ CaO 산화 칼슘

→ 생석회로도 불린다. 공기 중의 물을 흡수하는 성질이 있어서 건조제로 사용된다. 이때 발열하기 때문에 가열제로도 사용된다.

⑦ Al_2O_3 산화 알루미늄

→ 알루미나로도 불린다. 금속 알루미늄의 원료이다.

⑧ NaOH 수산화 소듐

→ 가성 소다로도 불린다. 수용액은 강한 알칼리성을 나타내며, 여러 가지 공업용 원료가 된다.

⑨ $Ca(OH)_2$ 수산화 칼슘

→ 소석회라고도 불리며 수용액이 석회수이다. 이산화 탄소와 반응하여 백색 침전이 생긴다.

⑩ $Al(OH)_3$ 수산화 알루미늄

→ 산에도 알칼리에도 잘 녹는다.

⑪ NH_4OH 수산화 암모늄

→ 분자식으로는 나타낼 수 있지만 실제로는 암모니아(NH_3)와 물(H_2O)로 분해되어 버려서 존재하지 않는다.

⑫ Na_2SO_4 황산 소듐

→ 물에 녹을 때 열을 흡수하기 때문에 냉각제로 사용된다.

⑬ $CaSO_4$ 황산 칼슘

→ 석고의 주성분이다. 분필 재료.

⑭ $Al_2(SO_4)_3$ 황산 알루미늄

→ 분말 소화기나 상수도를 정화할 때 세정제로 사용된다.

⑮ $(NH_4)_2SO_4$ 황산 암모늄

→ 질소 비료의 한 종류.

Column

마이너스 이온이란 무엇일까?
– 화학의 양이온, 음이온과는 다른 의미

알칼리 이온, 이온 음료, 마이너스 이온, 공기 이온, 플라즈마 클러스터 이온, 나노 이온, 플라즈마 이온, 대기 이온 등 세상에는 '이온'이 붙는 말이 많아요.

특히 이 중에서 마이너스 이온은 건강에 좋다고 알려져 있는데 앞에서 설명한 양이온, 음이온과는 전혀 다른 의미예요. 과학적으로 정의된 것이 아니라 **상품 이름에 붙여진 것으로 실체도 확실하지 않아요.**

플라즈마 클러스터 이온, 나노 이온도 전기 제품을 만드는 회사에서 만든 말로 과학 용어는 아니에요. 효과에 대해서도 제3자에 의한 과학적인 검증이 불충분해요.

알칼리 이온은 알칼리 이온 정수기라는 기기에서 만드는 알칼리 이온수인데, 말하자면 약 알칼리성의 '묽은 석회수(수산화 칼슘 수용액)'예요. 『물은 아무것도 알지 못한다』(사마키 타케오左巻健男, 2007)에서 밝힌 것처럼, 건강에 효능이 있을지 여부는 아직 의문이에요.

참고로 일본의 기상학 분야에서는 전기가 통하지 않는 공기 중에서 벼락이 치는(전달하는) 작용을 설명하기 위해서 '대기 이온'이라는 용어를 사용하였어요. 대기 이온에는 '플러스 대기 이온'과 '마이너스 대기 이온'이 있어요.

4
장

물질량 '몰(mol)'이란 무엇일까?

몰(mol)이란 입자(원자나 분자 등)의 수를 나타내는 단위예요. 제4장에서는 '몰(mol)이란 무엇일까?' 이 기본적인 물음부터 몰(mol)을 입자 수나 질량, 부피로 변환하는 방법까지 살펴볼게요.

4-01 몰(mol)이란 무엇일까? – 입자(원자나 분자 등)의 수를 나타내는 단위

자연 현상에는 다양한 형태가 있으며 그것들을 재는 단위가 있어요. 예를 들어 이동한 거리는 'm(미터)'로, 이동에 걸린 시간은 '초'로 재요.

그렇다면, 화학 반응은 어떨까요?

얼마의 물질을 반응시켰을 때 얼마의 물질이 생성되는가를 알고 싶을 때 원자의 **수**는 매우 편리해요. 자연 현상에는 화학 반응의 계수 관계처럼 **입자**(원자나 분자 등) **수**가 자연 현상을 규정해요. 그리고 이러한 현상을 나타내는 물리량이 **물질량**이에요. 단위는 **몰**(mol)로 나타내요.

화학 반응 현상은 눈으로 직접 확인할 수 없는 마이크로적 방법과 눈으로 확인 가능한 매크로적 방법이 있는데, 물질량은 '마이크로적 방법과 매크로적 방법을 연결한 것'이에요.

실제로 원자나 분자의 입자 수가 몇 개인지 세는 것은 불가능하지만 물질량이 분자 수에 비례한다는 것은 알 수 있어요. 쉬운 용어로 바꾸어 말하면 몰은 '입자(원자나 분자 등) 수'의 단위라고 할 수 있어요.

예를 들어 메테인이 연소하는 현상을 화학 반응식으로 나타내면 다음과 같아요.

$$CH_4 + 2O_2 \rightarrow CO_2 + 2H_2O$$

위와 같은 화학식으로 '반응 물질과 생성 물질'을 알 수 있으며 계수로 '각각의 입자 수'도 알 수 있어요.

1 메테인(CH_4)과 산소(O_2)가 반응하여 이산화 탄소(CO_2)와 물(H_2O)이 생긴다.

2 메테인(CH_4) 1개와 산소(O_2) 2개가 반응하면 이산화 탄소(CO_2) 1개와 물(H_2O) 2개가 생긴다.

위의 설명은 메테인과 산소 개수의 비율(1:2)이며, 모두 반응하여 이산화 탄소와 물이 1:2의 개수 비로 생기는 것을 의미해요.

표 화학 반응식의 양적 관계

CH_4	+	$2O_2$	→	CO_2	+	$2H_2O$
1개	+	2개	→	1개	+	2개
2개	+	4개	→	2개	+	4개
3개	+	6개	→	3개	+	6개
⋮		⋮		⋮		⋮
1,000개	+	2,000개	→	1,000개		2,000개

선생님! 1몰(mol)은 얼마만큼이에요?
좋아하는 여학생에게 초콜릿을 1몰만큼 선물해 주고 싶어요♥
흰토야! 그건 좀…… 그만 두는 게 좋겠어. 은행 대출 받아도 무리일 것 같아.
아
날 뭐로 보고! 1몰 정도는 선물해 줄 수 있다고요!
칫
1몰이, 이 정도 아니에요?
NO~ 그 정도로는 어림도 없어.
2만원 정도 ……

4-02 몰(mol)은 어느 정도의 양일까? – 6.02×10^{23}이라는 큰 수

가령 주머니 안에 야구 공이 몇 개 들어 있다고 했을 때, 주머니 안을 보지 않고 공이 몇 개 있는지 어떻게 알 수 있을까요? 참고로 공 1개의 무게는 148 g이고, 공이 들어 있는 주머니는 아주 가벼워서 무시해도 상관 없어요.

그러면 먼저 공이 들어 있는 주머니의 무게를 재봐야겠지요. 재보니 1,480 g이였어요.

$$1{,}480(\text{g}) \div 148(\text{g/개}) = 10\text{개}$$

이렇게 계산하면 공이 10개 들어 있다는 것을 쉽게 알 수 있어요. 이처럼 입자 1개의 질량과 전체의 질량을 알면 입자 수를 직접 세지 않아도 전체 안에 몇 개의 입자가 있는지 알 수 있어요.

과학세계에서는 국제 단위계(SI[1])라는 것을 정하는데, '**몰(mol)은 0.012 kg(12 g)의 탄소^{12}C 안에 존재하는 원자 수와 같은 수의 입자를 갖는 계의 물질량이다**'라고 정의하고 있어요. 바꾸어 말하면 탄소 원자(원자량 12)를 사용하여 1몰(mol)을 '0.012 kg(12 g)의 탄소^{12}C 안에 존재하는 원자 수와 같은 수'로 정한 거예요.

탄소 원자(원자량 12) 1개의 질량은 1.9926×10^{-23} g이므로 12 g을 1.9926×10^{-23} g으로 나누면 1몰 안에 들어 있는 탄소의 원자 수를 알 수 있어요. 계산하면 6.02×10^{23}이 돼요. 즉, 1몰은 6.02×10^{23}개 만큼 모인 집단을 말하며 이 수를 '**아보가드로 수**'라고 해요. 1몰의 원자, 1몰의 분자, 1몰의 이온은 각각 6.02×10^{23} 개의 해당 입자가 모여 있는 것을 의미해요[2].

---

1 The International System of Units

2 역자 주: 예를 들어 12 g의 탄소에는 탄소 원자 1몰, 즉 6.02×10^{23}개의 원자가 들어 있으며, 물 18.0 g에는 물 분자 1몰, 즉 6.02×10^{23}개의 분자가 들어 있다. 고체나 액체, 기체의 1몰의 입자 수는 6.02×10^{23}개로 같지만 1몰의 부피나 질량은 물질의 종류나 상태에 따라서 같거나 달라질 수 있다.

아보가드로라는 이름은 이탈리아 출신의 화학자 아메데오 아보가드로의 이름에서 따온 것인데 그가 아보가드로 수를 발견한 것은 아니에요(4-09 참조).

몰(mol)이란 물질의 입자 수를 나타내는 단위예요.
그럼, 몇 개가 있어야 1몰이 돼요?
6.02×10²³ 개예요.
?
뭐라고요?
그렇게 많이는 못 줘요.
선물 준다고 벌써 이야기했구나.
이것이 질량(g)과 물질량(mol)과 원자량의 관계예요.
원자량 12의 탄소 원자가 12 g(원자량과 같은 수치가 되는 질량)인 경우 탄소 원자를 몇 개 가질까?
탄소 원자(원자량 12) 12 g / 탄소 원자 1개(원자량 12)의 질량(g) = 원자의 수
원자량 12의 탄소 원자 1개의 질량은 1.9926 × 10⁻²³ g
따라서 12 g 중의 원자량 12의 탄소 원자의 수는
다음과 같이 구할 수 있어요.
12 g ÷ (1.9926 × 10⁻²³) g = 6.02 × 10²³
주머니 속 공의 무게
공의 무게
공의 수

4-03 지수란 무엇일까? - 큰 수를 간단하게 나타내는 편리한 '도구'

앞에서 1몰(mol) 속의 탄소 원자의 수는 6.02×10^{23}라고 했는데요. 그렇다면 '10^{23}'이란 무엇일까요? 10^{23}는 '$10 \times 10 \times 10 \times \cdots\cdots$'라고 '10을 23번 곱한 수'예요. '10을 23번 곱했다'는 것을 숫자의 오른쪽 위에 첨자 '23'으로 적고 있어요. 이것을 **지수**라고 해요.

실제로 10을 23번 곱하면 '1000,0000,0000,0000,0000,0000(천 해)가 돼요(여기서는 알기 쉽게 네 자리마다 콤마를 넣었어요). 이처럼 자릿수가 많아지면 일일이 '0'의 수를 세어야 단위를 알 수 있으므로 너무 복잡해요. 그래서 큰 수를 간단히 나타내는 표시법이 나왔어요. 이것이 지수예요.

그림 4-3 지수란?

10
23
지수
지수는 숫자 오른쪽 위에 첨자로 나타내요.

표 일반 표시와 지수 표시의 차이

일반 표시	지수 표시	단위
10	10^{1}	십
100	10^{2}	백
1,000	10^{3}	천
10,000	10^{4}	만
100,000	10^{5}	십만
1,000,000	10^{6}	백만
10,000,000	10^{7}	천만
100,000,000	10^{8}	억
1,000,000,000	10^{9}	십억
10,000,000,000	10^{10}	백억
100,000,000,000	10^{11}	천억
1,000,000,000,000	10^{12}	조
10,000,000,000,000	10^{13}	십조
100,000,000,000,000	10^{14}	백조
1,000,000,000,000,000	10^{15}	천조
10,000,000,000,000,000	10^{16}	경
100,000,000,000,000,000	10^{17}	십경
1,000,000,000,000,000,000	10^{18}	백경
10,000,000,000,000,000,000	10^{19}	천경
100,000,000,000,000,000,000	10^{20}	해
1,000,000,000,000,000,000,000	10^{21}	십해
10,000,000,000,000,000,000,000	10^{22}	백해
100,000,000,000,000,000,000,000	10^{23}	천해

4-04 원자량이란 무엇일까? – 수소 원자의 질량을 1로 했을 때의 비율?

원자는 종류에 따라서 크기와 질량이 달라요. 원자 중에서 가장 가벼운 수소 원자의 질량은 0.0000000000000000000000167 g으로 너무나 작아요.

이것을 약 600,000,000,000,000,000,000,000개 모아야 겨우 1 g 정도가 돼요. 다른 원자 역시 마찬가지로 원자 1개의 질량이 너무 작기 때문에 이러한 작은 수치를 그대로 사용하는 것은 굉장히 불편해요.

그래서 가장 가벼운 원자인 수소 원자의 질량을 기준으로 '1'로 표시하고 원자끼리의 질량을 비교해요. 그러면 탄소 원자의 질량은 수소 원자 질량의 12배, 산소 원자의 질량은 16배가 돼요. 이처럼 **원자의 질량을 g이 아닌 상대적인 비율로 나타내면 훨씬 쉬워져요**. 어떤 원자의 질량을 기준으로 정하고 상대적인 비율로 나타낸 것이 **원자량**이에요.

● 원자량, 분자량, 화학식량(式量)이란?

원자의 존재를 확실하게 인정하지 않던 시대에 과학자들은 상상력과 실험 사실을 토대로 같은 양만큼 모은 각 원소의 질량 비율로 원자량을 정했어요. 질량 보존의 법칙, 일정 성분비의 법칙 등을 사용해서 어떤 원자 1개의 질량을 기준으로 다른 원자가 기준 원자 질량의 몇 배인가를 비교한 것이에요.

원자의 질량은 '어떤 원자가 ~g'이라는 절대적인 것이 아니라 상대적인 비율이에요. 현재, **기준 원자는 탄소 원자**(C)로 질량을 12로 정하고 있어요. 원소의 원자량은 **다음 표**에서 보듯이 어림수를 이용해요. 원자량은 상댓값이기 때문에 단위는 없어요.

분자량이란 원자량과 같은 기준으로 나타낸 분자 질량의 상대적인 수치예요. 분자량은 분자를 구성하는 원자들의 원자량 합으로 구해요.

참고로 **이온 및 이온으로 구성된 화합물이나 금속과 같이 분자를 단위로 하지 않는 물질은 분자량 대신 화학식량(式量)을 사용해요.** 화학식량 역시 조성식을 구성하는 원자들의 원자량을 더한 합으로 구해요.

표 대표적인 원소의 대략적인 원자량

원소	수소 (H)	탄소 (C)	질소 (N)	산소 (O)	소듐 (Na)	마그네슘 (Mg)	알루미늄 (Al)	황 (S)	염소 (Cl)	포타슘 (K)	칼슘 (Ca)
원자량	1	12	14	16	23	24	27	32	35.5	39	40

산소 분자(O_2)의 분자량은 16(산소의 원자량) ×2(산소의 원자 수) = 32예요.
O O
O_2

물 분자(H_2O)의 분자량은 1(수소의 원자량)×2(수소의 원자 수)+16(산소의 원자량) ×1(산소의 원자 수) =18이지요.
O
H H
H_2O

4-05 질량수, 원자 번호란 무엇일까? – 양성자 수와 중성자 수를 합한 것이 질량수

원자의 중심에는 원자핵이 있고 그 주위에 전자가 있어요. 원자핵 안에는 양전하를 띠고 있는 양성자와 전하를 띠지 않는 중성자가 있어요.

원자의 질량은 양성자 수와 중성자 수로 거의 정해져요. **양성자 수와 중성자 수의 합을 질량수**라고 해요. 예를 들어 헬륨 원자의 원자핵은 2개의 양성자와 2개의 중성자로 이루어져 있어서 질량수는 4예요. **질량수는 원소 기호 왼쪽 위에 첨자로 표시해요(그림 4–5–1)**. 또 원자핵 속의 양성자 수는 원소의 종류에 따라서 정해지며, 양성자 수를 원소의 **원자 번호**라고 해요. 원자 번호는 **원소 기호의 왼쪽 밑에 첨자로 표시해요(그림 4–5–1)**.

● 동위 원소란?

대부분 탄소 원자의 원자핵은 6개의 양성자와 6개의 중성자로 이루어져 있는데, 7개의 중성자를 갖는 탄소 원자도 자연계에 1.1 % 존재해요(**그림 4–5–2**). 이처럼 같은 원소이면서 중성자 수가 달라서 질량수가 서로 다른 원소를 **동위 원소**(isotope)라고 해요. 말하자면 같은 원소의 원자라도 중성자 수가 다른 '형제'가 있는 거예요.

동위 원소는 원자의 질량은 다르지만 화학적 성질은 거의 같아요. 중성자 수가 화학적 성질에 거의 영향을 주지 않기 때문이에요. 하지만 질량수는 원소의 물리적 성질에 영향을 주므로 동위 원소의 경우 물리적 성질에 차이가 있어요. 원소들 중에는 여러 개의 동위 원소를 가지는 원소도 있어요. 자연계에 존재하는 원소는 동위 원소의 존재비가 거의 일정해요. 따라서 동위 원소의 상대 질량과 존재비로 평균 원자량을 구할 수 있어요.

예를 들어 염소의 동위 원소 ^{35}Cl, ^{37}Cl에서 염소(Cl)의 원자량을 구해

보면 그림 4-5-3과 같아요.

그림 4-5-1 질량수 및 원자 번호의 의미와 표기 방법

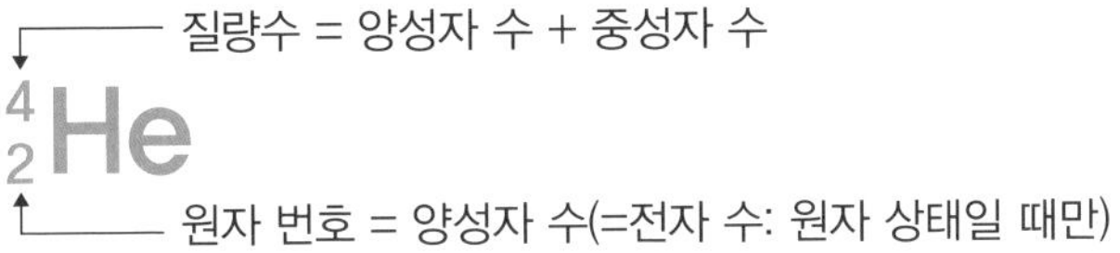

그림 4-5-2 탄소의 동위 원소의 예

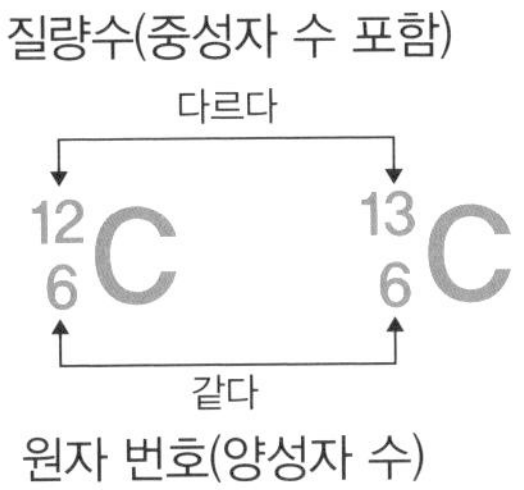

그림 4-5-3 동위 원소를 고려해서 원자량 구하는 법

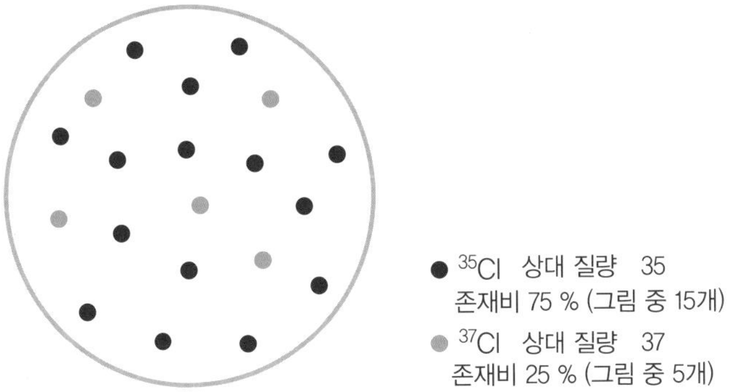

위의 조건으로 상대 질량과 존재비로 평균을 구해서 원자량을 나타내면 다음과 같다.

$$35.0\times\frac{75}{100}+37.0\times\frac{25}{100}=35.0\times\frac{15}{20}+37.0\times\frac{5}{20}=35.5$$

변형해 보면 평균을 구했을 때의 식과 같은 것을 알 수 있다.

$$35.0\times\frac{15}{20}+37.0\times\frac{5}{20}=\frac{35.0\times15+37.0\times5}{20}=35.5$$

또한 탄소의 원자량은 ^{12}C=12로 나타내는데, 동위 원소의 평균을 구하기 때문에 정확하게 12.0이 되지는 않는다.

4-06 원자량의 기준은 어떻게 정했을까? - 산소 원자의 질량을 16으로 정했던 시대

현재 **원자량은 탄소 원자의 질량수 12를 기준**으로 하고 있어요. 하지만 '기준이 12'라는 것이 이해하기 어려울 수도 있어요. 보통 기준이라고 하면 '1'을 사용하니까요. 그러면 어떻게 탄소 원자가 기준이 되었을까요? 여기에는 역사상 많은 변천 과정이 있었어요.

1803년 영국의 화학자 존 돌턴(John Dalton)은 '질량 보존의 법칙'과 '배수 비례의 법칙'을 설명하기 위해서 '원자설'을 발표했어요. 이때 돌턴은 '각각의 원자는 질량이 다르다'고 생각하여 가장 가벼운 수소 원자를 기준으로 원자의 질량 비율을 구했어요. 이것이 원자량을 도입한 시초예요. 그러나 이 방법은 정확하지 않았어요.

이후 1818년경부터 스웨덴의 화학자 베르셀리우스(Berzerius)가 화합물을 만들기 쉬운 산소를 사용하여 현재와 비교해도 꽤 정확한 원자량을 구했어요. 그러나 기준의 산소 원자량을 100으로 했기 때문에 금이나 백금 등의 무거운 금속 원자량이 1,000을 넘어 계산하기 어려웠어요.

1865년 이 문제를 해결하기 위해서 벨기에의 화학자 스타스(Stas)가 기준의 산소 원자량을 16으로 할 것을 주장했어요. 이 방법은 원자량을 낮은 숫자로 표시하기 쉽고, 또 가장 가벼운 수소의 원자량을 1에 근접하게 나타낼 수 있어서 국제적으로 통일되었어요. 하지만 다른 문제가 또 생겼어요.

● 물리학 세계와 화학 세계에서 모순 발생

1959년까지 IUPAP(국제 순수 · 응용 물리학 연합)에서는 질량수 16의 산소가 원자량의 기준이었어요. 한편 IUPAC(국제 순수 · 응용 화학 연합)에서는 자연계에 존재하는 질량수 16, 17, 18의 산소 혼합물의 평균을 16으로 정하고 있었어요. 때문에 물리학과 화학에서 사용하는 상대 원자 질량 및 원자량, 분자량의 수가 일치하지 않는다는 모순이 발생한 거예요.

이 문제를 해결하기 위해서 1960년에 IUPAP가, 1961년에는 IUPAC가 승인하여 **질량수 12의 탄소 ^{12}C를 새로운 기준으로 사용**하게 되었어요. 이유는 이전의 화학 연합회 측에서 사용하던 원자량과 차이가 별로 없다는 것, 정밀도가 높아서 다른 원자와의 질량 비교가 가능하다는 것이에요. 또한 세상에서 가장 종류가 많은 물질은 유기물이기 때문에 탄소 ^{12}C를 기준으로 하면 유기물의 분자량을 더욱 정확하게 잴 수 있기 때문이에요.

그러나 지금도 '수소를 기준으로 하는 것이 좋다'라는 의견도 있어요. 그래서 수소(1.0)를 기준으로 했을 때의 단위와 근접한 **통일 원자 질량 단위**(기호: u)라는 원자 질량을 나타내는 단위가 있어요. 통일 원자 질량 단위는 '질량수 12인 탄소의 동위 원소 ^{12}C가 갖는 원자 1개의 질량의 12분의 1'이라고 정의하고 있어요. 탄소의 동위 원소 중에서 가장 많이 존재하는 탄소^{12}C의 질량을 12u로 하고 탄소 12의 원자의 원자량은 12(u)로 나타내요.

그림 4-6 통일 원자 질량 단위

$$\text{통일 원자 질량 단위} = \frac{\text{질량수 12의 탄소 원자 1개의 질량}}{12}$$

4-07 물질량(mol)과 질량(g)은 어떤 관계일까?
– 모든 원자 '1 mol = 원자량의 값(g)'

물질량(mol)과 질량(g)은 어떤 관계가 있을까요? 여기서 또 한번 **원자량**이 등장해요. 원자량은 탄소의 원자량 12를 기준으로 각 원자들의 질량을 상대적인 값으로 나타낸 것이에요. 여러 가지 원자는 각각의 원자량 값과 같은 질량(g)의 원자 수가 6.02×10^{23}개가 돼요. 때문에 **모든 원자는 원자량의 값과 같은 질량(g)으로 1 mol이 돼요**. 이것을 **몰 질량(g/mol)**이라고 해요.

예를 들어 설명해 볼게요. 여기에 붉은색 공과 하얀색 공이 있는데, 붉은색 공과 하얀색 공의 질량 비율은 붉은색 공:하얀색 공=1:2라고 가정해요. 이것이 원자량에 대응해요.

이번에는 붉은색 공 1개가 2 g이고 붉은색 공이 많이 들어 있는 1상자의 무게를 쟀더니 50 g이었어요. 그러면 1상자 안에 들어 있는 붉은색 공의 개수는 몇 개일까요? 1상자 안에 들어 있는 붉은색 공의 개수는 25개(50÷2)예요.

그렇다면 하얀색 공이 25개일 때 1상자의 무게는 몇 g일까요? 하얀색 공은 붉은색 공보다 무게가 2배이므로 1개의 무게는 2 g×2(배) = 4 g이에요. 1개가 4 g인 공이 25개 있기 때문에 1상자는 100 g이 돼요.

이처럼 상대적인 질량(원자량)과 1 mol의 정의(물질량)를 알고 있으면 다양한 물질의 물질량(mol)과 질량(g)의 관계를 확실히 밝힐 수 있어요.

그런데 수소 1 mol은 1 g일까요? 아니면 2 g일까요? '몰의 정의'를 보면 '몰을 이용할 때 입자를 지정해야 하는데 원자, 분자, 이온, 전자, 그 외 입자 또는 이 입자의 특정 집합체여도 괜찮다'(제14회 국제 도량형총회, 1971년)고 되어 있어요.

여기서 정의 안에 들어 있는 문구 **'입자를 지정'**에 주목할 필요가 있어요. '입자를 지정'한다는 것은 **수소 원자인지 수소 분자인지를 분명히 한다는 의미**예요. 수소 원자(H)일 경우 1 mol=1 g, 수소 분자(H_2)일 경우 1 mol=2 g이 돼요.

표 원자량과 원자의 수와 물질량과의 관계

원자	원자량	원자량의 값과 같은 질량(g) 원자의 수	물질량
탄소 원자 ^{12}C	12.0	6.02×10^{23}(12.0 g 중의 원자 수)	1 mol
수소 원자 H	1.0	6.02×10^{23}(1.0 g 중의 원자 수)	1 mol
질소 원자 N	14.0	6.02×10^{23}(14.0 g 중의 원자 수)	1 mol
산소 원자 O	16.0	6.02×10^{23}(16.0 g 중의 원자 수)	1 mol

1개가 2 g(원자량에 해당)인 붉은색 공(물질에 해당) 50개는 1개가 4 g(원자량에 해당)인 하얀색 공(물질에 해당) 25개와 균형을 이루어요.

알고 넘어가기 1
– 원자량과 질량을 변환하자

문제1 아래의 원자량 표를 사용하여 문제를 풀어 보자.

표 원자량

원소	H	C	N	O	Na	Mg	Al	S	Cl	K	Ca
원자량	1	12	14	16	23	24	27	32	35.5	39	40

(1) 다음 물질의 1 mol의 질량을 구하라.

① 질소 원자(N)

② 질소 분자(N_2)

(2) 1 mol의 암모니아(NH_3) 중에 질소 원자(N)와 수소 원자(H)는 각각 몇 mol씩 들어 있는지 답하라.

(3) 다음 물음에 답하라.

① 물 분자(H_2O) 2 mol은 몇 g인가?

② 물 분자(H_2O) 9 g은 몇 mol인가?

문제를 잘~
풀어보자!

문제2

(1) 다음 물질의 분자량 또는 화학식량을 구하라.

① 염소 분자(Cl_2)
② 메테인(CH_4)
③ 에탄올(C_2H_5OH)
④ 염화 소듐(NaCl)

(2) 다음 물음에 답하라.

① 염소 분자(Cl_2) 2 mol은 몇 g인가?
② 염소 분자(Cl_2) 7.1 g은 몇 mol인가?
③ 메테인(CH_4) 1.5 mol은 몇 g인가?
④ 메테인(CH_4) 48 g은 몇 mol인가?
⑤ 염화 소듐(NaCl) 0.1 mol은 몇 g인가?
⑥ 염화 소듐(NaCl) 117 g은 몇 mol인가?

▶ 해답은 166p

4-08 질량수의 비는 화학 반응식과 관계가 있을까?
– 화학 반응식과 관계 있는 입자 수의 비

'$2Mg+O_2 \rightarrow 2MgO$'의 반응에서 마그네슘, 산소 분자와 산화 마그네슘의 양의 관계는 어떻게 될까요? 마그네슘:산소 분자:산화 마그네슘의 질량비는 3:2:5가 돼요(**다음 표 참조**). 반응하는 입자 수의 관계는 마그네슘:산소 분자:산화 마그네슘으로 2:1:2가 돼요. 이때 어느 쪽이 화학 반응식과의 관계를 나타내고 있을까요?

질량비는 화학 반응식의 계수와 직접 관계가 없다는 것을 알 수 있어요. 이에 반해서 반응하는 입자 수의 비는 화학 반응식의 계수비와 같은 2:1:2예요. 이처럼 **반응하는 입자 수의 비는 화학 반응식의 계수비와 같아요**. 화학 반응에서 '무엇이 얼마만큼 있으면 무엇이 얼마만큼 생긴다' 등의 양적 관계를 생각할 때는 **입자 수에 주목**해요.

또 화학 반응식에서 계수비는 화학 반응식이 나타내고 있는 입자 수의 비와 같다는 것을 '**계수비=물질량(mol)의 비**'라고 해요.

질량비는 화학 반응식의 계수비와 관계가 없군요.
그렇지. 계수비와 관계있는 것은 화학 반응을 하는 입자 수의 비예요.

표 반응 때의 질량비와 입자 수의 비

		Mg		O_2		MgO
계수비		2	:	1	:	2
질량	반응하는 질량 예 ①	48 g	:	32 g	:	80 g
	반응하는 질량 예 ②	72 g	:	48 g	:	120 g
	질량비	3	:	2	:	5
입자의 수	반응하는 입자의 수 예 ①	20개	:	10개	:	20개
	반응하는 입자의 수 예 ②	100개	:	50개	:	100개
	입자 수의 비	2	:	1	:	2

그림 4-8

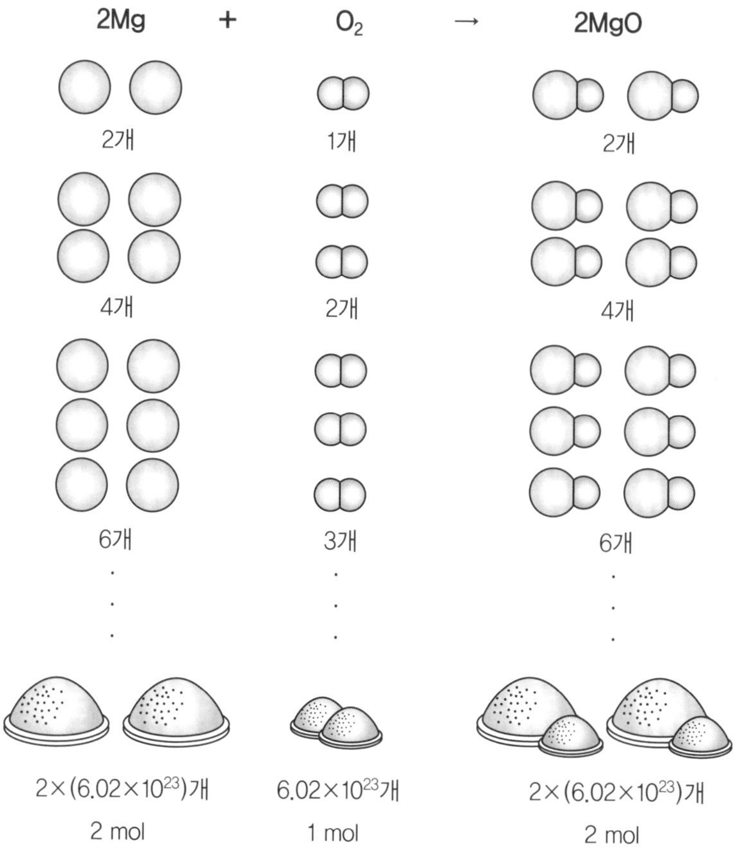

알고 넘어가기 2
– 화학 반응식과 입자 수와 몰의 관계를 이해하자

문제1 다음 화학 반응식의 양적 관계를 참고로 ①~⑧의 문장 ( )에 적당한 숫자를 넣어라.

$$N_2 + 3H_2 \rightarrow 2NH_3$$

① 반응에 참여하는 수소 분자가 충분히 있을 때, 질소 분자(N_2) 1개가 모두 반응하면 암모니아(NH_3)가 ( )개 생긴다.

② 반응에 참여하는 수소 분자가 충분히 있을 때, 질소 분자(N_2) 50개가 모두 반응하면 암모니아(NH_3)가 ( )개 생긴다.

③ 질소 분자(N_2) 1개가 반응하여 암모니아가 되기 위해서는 수소 분자(H_2)가 ( )개 필요하다.

④ 질소 분자(N_2) 100개가 모두 반응하여 암모니아가 되기 위해서는 수소 분자(H_2)가 ( )개 필요하다.

⑤ 반응에 참여하는 수소 분자가 충분히 있을 때, 암모니아(NH_3) 2개를 만들기 위해서는 질소 분자(N_2)가 ( )개 필요하다.

⑥ 반응에 참여하는 수소 분자가 충분히 있을 때, 암모니아(NH_3) 1000개를 만들기 위해서는 질소 분자(N_2)가 ( )개 필요하다.

⑦ 반응에 참여하는 질소 분자가 충분히 있을 때, 암모니아(NH_3) 2개를 만들기 위해서는 수소 분자(H_2)가 ( )개 필요하다.

⑧ 반응에 참여하는 질소 분자가 충분히 있을 때, 암모니아(NH_3) 100개를 만들기 위해서는 수소 분자(H_2)가 (　　)개 필요하다.

문제2 다음 화학 반응식의 양적 관계를 참고로 ①~④의 문장 (　　)에 적당한 숫자를 넣어라.

$$N_2 + 3H_2 \rightarrow 2NH_3$$

① 반응에 참여하는 수소 분자가 충분히 있을 때, 질소 분자(N_2) 1 mol에 반응하는 수소 분자(H_2)는 (　　) mol이다.

② 반응에 참여하는 수소 분자가 충분히 있을 때, 질소 분자(N_2) 3 mol이 모두 반응하여 생성하는 암모니아(NH_3)는 (　　) mol이다.

③ 반응에 참여하는 수소 분자가 충분히 있을 때, 암모니아(NH_3) 2 mol을 만들기 위해서는 질소 분자(N_2)가 (　　) mol 필요하다.

④ 반응에 참여하는 질소 분자가 충분히 있을 때, 암모니아(NH_3) 2 mol을 만들기 위해서는 수소 분자(H_2)가 (　　) mol 필요하다.

▶ 해답은 167p

4-09 아보가드로 수는 어떻게 정해졌을까?
– 여러 가지 방법이 검토되었지만……

6.02×10^{23}이라는 **아보가드로 수**는 너무나 큰 수예요. 아보가드로 수는 이탈리아 출신의 화학자 아메데오 아보가드로가 직접 정한 것은 아니에요. 맨 처음 아보가드로 수를 측정하려고 한 사람은 오스트리아 출신의 물리학자 요한 요제프 로슈미트(Joseph Loschmidt)였어요.

1865년 그는 어떤 기체 분자(기체의 분자 수를 알 수 있는)의 부피와 기체 1개가 차지하는 부피를 가지고 아보가드로 수를 구하려고 했어요. 로슈미트는 1 cm^3의 기체에 포함된 분자 수를 측정했기 때문에 그의 이름을 따서 **로슈미트 수**라고 해요.

그 후 1909년에 콜로이드 입자(분자보다는 크지만 일반 현미경으로는 보이지 않을 정도의 미세한 입자)의 브라운 운동(액체 혹은 기체 속의 분자가 콜로이드 입자에 무질서하게 충돌하면서 생기는 불규칙한 운동)의 관찰을 통해 얻어진 방법, 1910년에 전기 소량(전자가 갖는 전기량의 절대치)의 측정과 패러데이 상수(전기 분해에 의해서 1가 이온의 1 mol의 원소를 석출하는 데 필요한 전기량)의 측정으로 얻어진 방법, 1923년에 파장이 알려진 X선과 결정의 밀도로 얻어진 방법 등이 개발되면서 아보가드로 수가 측정되었어요. 이 중에서 원리적으로 가장 정확한 것이 X선과 결정의 밀도로 얻어진 방법이었는데, 실제로는 결정에 불순물이나 결함이 있어서 정밀도를 낮추는 결과를 가져왔어요.

19세기에서 20세기 초반에 걸쳐서 '물질은 원자와 같은 입자로 이루어지는가', '연속해서 얼마든지 작게 분할 가능한가'에 대해서 과학자들의 의견이 크게 나뉘었어요. 이때 논쟁의 종지부를 찍은 것이 전혀 다른 원리에 기초해서 구한 아보가드로 수가 거의 같다는 것이었어요.

●아보가드로 수가 정확하게 정해지면 질량이 달라진다?

도량형의 기초가 되는 국제 단위계 중에서 질량 단위는 현재까지 **국제 킬로그램 원기**[3]라는 인공물을 기준으로 하고 있어요. 그러나 국제 킬로그램 원기는 표면에 흡착하는 기체 때문에 질량이 증가하는 등 안정성 면에서 문제가 발생하기도 해요.

그래서 일본에서는 독립 행정 법인 산업 기술 종합 연구소 · 계량 표준 종합 센터 등에서 킬로그램 원기 대신에 아보가드로 수의 정밀도를 높이는 방법으로 **질량의 재정의**를 시도하고 있어요. 2002년 동 센터에서는 **X선 결정 밀도법**이라고 해서 질량 1 kg의 순수한 결정의 실리콘 구형에서 7자리라는 높은 측정 밀도로 아보가드로 수를 정하는 데 성공했어요. 앞으로 측정 정도를 8자리까지 높일 수 있으면, 아보가드로 수에 기초한 원자의 질량을 표준으로 하는 질량 단위가 실현된다고 보고 있어요.

사진 **국제 킬로그램 원기**

국제 킬로그램 원기의 질량을 1 kg이라고 정의하고 있다.
프랑스 세브르 '국제 도량형국'에서 보관하고 있다.
사진/AFP=시사

3 역자 주: 질량의 SI 단위인 킬로그램에 대한 새로운 정의(킬로그램은 플랑크 상수 h가 정확히 $6.62607015 \times 10^{-34}$ J · s (J = kg · m^2 · s^{-2}) 이 되도록 하는 값이다.)는 2018년 11월 국제도량형총회(CGPM)에 승인되었고 2019년 5월에 시행되었다.

4-10 같은 부피 속의 입자 수는 왜 같을까?
– 수소 2 g과 산소 32 g의 부피가 같은 이유

아보가드로의 법칙에 대해서 들은 적 있나요? **'모든 기체는 온도와 압력이 일정한 경우, 기체의 종류에 관계없이 같은 부피 속에 들어 있는 분자의 수는 같다'**라는 법칙이에요. 좀 이상하지 않나요? 예를 들면 같은 크기의 용기(같은 부피)에 크기가 다른 귤과 수박을 넣었다고 생각해 봐요. 당연히 수박보다 귤이 많이 들어가겠지요.

하지만 기체 분자와 같은 극히 작은 세계에서는 일상 생활과는 다른 현상이 일어나요. '모든 기체는 온도와 압력이 일정한 경우 같은 부피 속에 같은 수의 분자를 갖는다'라는 것이에요.

기체와 같은 마이크로 세계에서는 분자에 비해서 공간이 매우 넓기 때문에 분자의 크기보다는 질량이 관계해요. 작은 분자는 '가벼운 분자', 큰 분자는 '무거운 분자'라고 바꾸어 말할 수 있어요. 가벼운 분자는 무거운 분자보다 운동 속도가 빠른 대신에 운동 에너지는 무거운 분자에 뒤떨어져요. 운동 속도와 운동 에너지는 트레이드 오프(trade off) 관계이기 때문에 같은 부피 속에 들어 있는 기체의 분자 수는 기체의 종류와 관계없이 같아요.

기체의 부피는 온도가 높아지면 커지고 낮아지면 작아져요. 또 기체를 담고 있는 풍선의 바깥 압력(기압)이 커지면 기체의 부피는 작아지고 압력이 작아지면 커져요.

때문에 기체의 부피를 생각할 때 어떤 특정 온도와 압력(기압)을 설정하는데, 이것을 **표준 상태**라고 해요. 표준 상태란 0℃, 1기압(1.01×10^5Pa(파스칼))을 말해요. 1 mol의 기체의 부피는 표준 상태에서 기체의 종류와 관계없이 22.4 L(리터)에요.

이것을 **몰 부피**(L/mol)라고 해요. 가령 표준 상태에서 산소 2 mol은 44.8 L가 돼요.

여기에 같은 크기의 상자가 둘 있는데, 흰토와 미소가 들어간다고 가정해요. 몸집이 작은 흰토가 더 많이 들어가겠지요.
왜 하필 나를 ……
하지만 기체 분자는 달라요.
모든 기체는 같은 온도, 같은 압력에서 같은 부피 속에 같은 수의 분자를 포함해요.
왜죠?
운동 속도
에너지
trade–off
작고 가벼운 분자는 움직임이 빠르지만 에너지는 작고,
크고 무거운 분자는 움직임은 느리지만 에너지는 커요.
운동 속도와 운동 에너지는 트레이드 오프(trade–off) 관계이기 때문에 같은 온도와 같은 압력에서는 같은 부피 속에 같은 수의 분자가 있는 거예요.
그렇군요~

4-11 몰의 3변환이란? –'입자 수', '질량', '부피'의 관계

지금까지 설명한 대로 물질량(mol)은 여러 가지 단위로 변환 가능해요. 바로 이 점이 물질량(mol)을 이해하는 데 걸림돌이기도 한데요. 하지만 정리해보면 **'입자 수'**, **'질량'**, **'부피'**라는 세 종류의 단위로만 변환돼요.

세 종류는 상호 변환할 수 있으므로 물질량을 중심으로 단위의 변환은 전부 여섯 가지 유형이에요. 화학 문제집 등을 보면 변환을 위한 공식이 실려 있어요. 각 단위의 변환에는 규칙이 있는데 모두 비례 관계에 있어요. 다음 페이지에서 예를 들어 볼게요.

그림 4-11 물질량을 중심으로 한 단위 변환은 전부 여섯 가지 유형

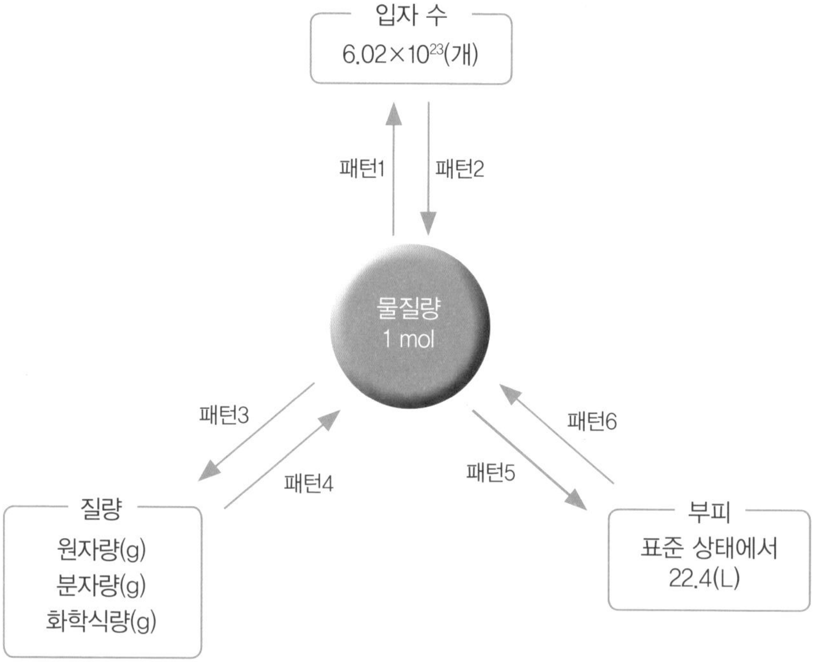

●물질량과 입자 수의 관계(mol과 6.02×10^{23}개)

• 패턴 1: 물질량에서 입자 수로의 변환

아보가드로 수 $6.02 \times 10^{23}(\text{mol}^{-1})$는 1 mol당 6.02×10^{23}개라는 의미이므로 2 mol은 그 2배가 되고, 6.02×10^{23}개$\times 2 = 12.04 \times 10^{23}$개가 돼요. 또 0.5 mol은 1 mol의 절반이 되고, 6.02×10^{23}개$\times \frac{1}{2} = 3.01 \times 10^{23}$개가 돼요.

• 패턴 2: 입자 수에서 물질량으로의 변환

6.02×10^{23}개는 1 mol이므로 18.06×10^{23}개는 3배가 되고, $1 \text{ mol} \times 3 = 3 \text{ mol}$이 돼요.

●물질량과 질량의 관계(mol과 g)

• 패턴 3: 물질량에서 질량으로의 변환

산소 분자(O_2, 분자량: 32)는 1 mol당 32 g이므로 1.5 mol은 1.5배의 $32 \text{ g} \times 1.5 = 48 \text{ g}$이 돼요.

• 패턴 4: 질량에서 물질량으로의 변환

질소 분자(N_2, 분자량: 28)는 1 mol당 28 g이에요. 질소 분자 14 g은 $14 \div 28$로 1 mol의 $\frac{1}{2}$이므로 0.5 mol이 돼요.

●물질량과 기체 부피의 관계(mol과 표준 상태 22.4 L)

• 패턴 5: 물질량에서 부피로의 변환

모든 기체는 표준 상태에서 1 mol당 22.4 L이므로 수소 분자도 산소 분자도 질소 분자도 모든 기체 0.5 mol은 절반인 11.2 L예요.

• 패턴 6: 부피에서 물질량으로의 변환

모든 기체는 표준 상태에서 1 mol당 22.4 L이므로 수소 분자도 산소 분자도 질소 분자도 모든 기체 44.8 L는 $44.8 \div 22.4 = 2$로 계산해서, 2 mol이 돼요.

알고 넘어가기 3
– 몰(mol), 질량, 부피, 개수의 관계를 이해하자

원자량은 수소(H)=1, 탄소(C)=12, 질소(N)=14, 산소(O)=16, 알루미늄(Al)=27, 아보가드로 수=$6.02 \times 10^{23} mol^{-1}$, 기체의 부피는 표준 상태: 0°C, $1.01 \times 10^5 Pa$(1기압)에서의 값이다.

문제1 다음 표의 (ㄱ)~(ㅇ)에 알맞은 숫자를 넣어라.

원자·분자	원자·분자량	원자수	물질량	질량	부피(표준 상태)
탄소(C)	12	6.02×10^{23}개	1 mol	12 g	22.4 L
수소 분자(H_2)	2	6.02×10^{23}개	(ㄱ) mol	(ㄴ) g	(ㄷ) L
질소 분자(N_2)	28	6.02×10^{23}개	(ㄹ) mol	(ㅁ) g	22.4 L
산소 분자(O_2)	32	(ㅂ)	1 mol	(ㅅ) g	(ㅇ) L

문제2 다음 물음에 답하라.

(1) 알루미늄 원자(Al) 3.01×10^{24}개는 몇 mol인가?

(2) 이산화 탄소(CO_2) 5 mol 속에는 몇 개의 분자가 들어 있는가?

(3) 물(H_2O) 2 mol은 몇 g인가?

(4) 물(H_2O) 180 g은 몇 mol인가?

(5) 수소(H_2) 0.5 mol은 표준 상태에서 몇 L인가?

(6) 산소(O_2) 44.8 L는 몇 mol인가?

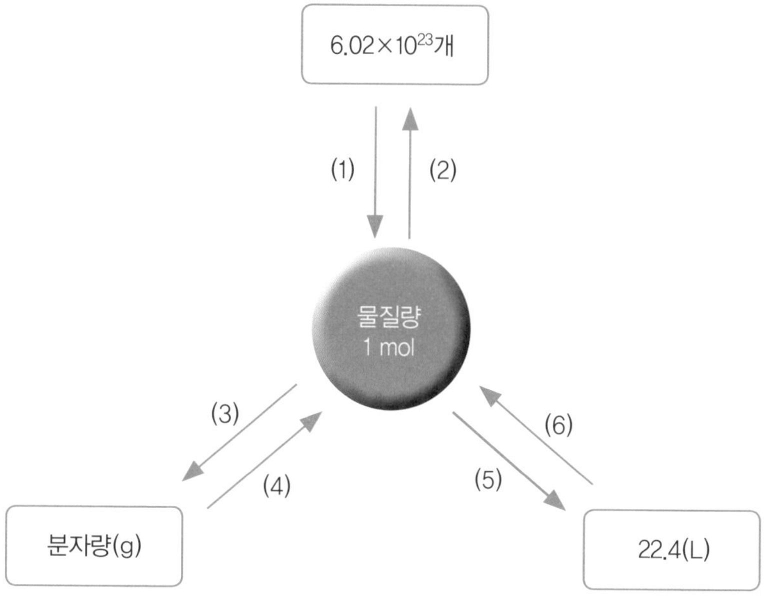

문제3 다음 질문에 답하라.

(1) 수소 분자(H_2) 12.04×10^{23}개는 몇 g인가?

(2) 수소 분자(H_2) 4.0 g은 표준 상태에서 몇 L인가?

(3) 수소 분자(H_2) 44.8 L 속의 표준 상태에서 분자는 몇 개 있는가?

(4) 물(H_2O) 180 g 속의 분자 수는 몇 개인가?

(5) 질소(N_2) 44.8 L는 표준 상태에서 몇 g인가?

(6) 산소(O_2) 3.01×10^{24}개는 표준 상태에서 몇 L인가?

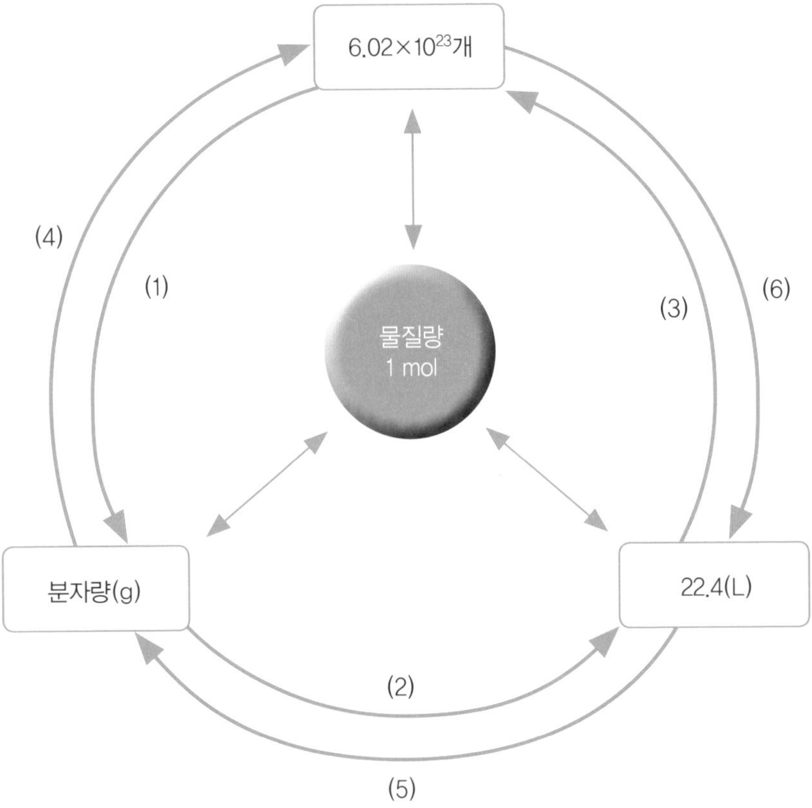

▶ 해답은 167p

방해
되니까
조용히
하셔!
어디
잘
풀고
있나~?

4-12 화학 반응식의 양적 관계는 왜 어려울까?
– 화학 반응식의 양적 관계와 물질량의 단위 변환은 다르다

화학 반응식의 양적 관계는 물질량을 이해하기 위한 통과 절차와 같아요. 이것을 이해하면 다음 단계의 '중화 적정'이나 '산화 환원 적정' 등 화학 반응의 양적 관계를 쉽게 이해할 수 있어요.

화학 반응식의 양적 관계가 어려운 것은 **화학 반응식의 양적 관계**와 **물질량의 단위 변환**이 서로 섞여서 혼란스럽기 때문인데요. 다음 두 가지를 명확하게 이해하고 구별해 봐요.

1 화학 반응식의 양적 관계 '계수비=물질량(mol)의 비'

2 물질량의 단위 변환

다음에 예문을 들어 구체적으로 설명해 볼게요.

【연습 문제】

에틸렌(C_2H_4) 7 g을 완전 연소시켰을 때 이산화 탄소는 몇 L(표준 상태) 발생할까요? (원자량 C=12, H=1, O=16)

$C_2H_4 + 3O_2 \rightarrow 2H_2O + 2CO_2$

【연습 문제 해답】

계산 ①

에틸렌(C_2H_4) 7 g을 물질량(mol)으로 변환한다.

C_2H_4의 분자량$=12\times2+1\times4=28$

C_2H_4는 1 mol당 28 g이므로, 7 g은 $\frac{1}{4}$의 0.25 mol이 된다.

계산 ②

'계수비=물질량(mol)의 비'의 관계와 에틸렌(C_2H_4)의 물질량에서 이산화 탄소(CO_2)의 물질량을 구한다. 에틸렌과 이산화 탄소의 계수비는,

에틸렌:이산화 탄소=1:2가 되므로,

0.25:0.5가 된다. 에틸렌 0.25 mol이 모두 이산화 탄소가 되면 0.5 mol이 생긴다.

계산 ③

이산화 탄소(CO_2) 0.5 mol을 부피(L)로 변환한다. 모든 기체는 표준 상태에서 22.4 L이므로 이것으로 부피를 구한다. 1 mol당 22.4 L이므로 0.5 mol은 $\frac{1}{2}$의 11.2 L가 된다.

그림 4-12 화학 반응식의 양적 관계를 이해하는 요령

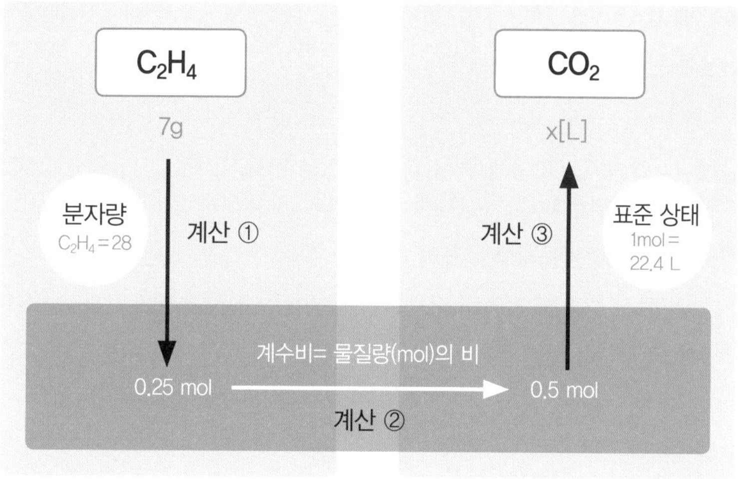

화학 반응식은 화학 반응식의 양적 관계와 물질량의 단위 변환을 확실하게 구별하여 생각하는 것이 요령

알고 넘어가기 4
– 화학 반응식의 양적 관계를 이해하자

원자량은 수소(H)=1, 탄소(C)=12, 질소(N)=14, 산소(O)=16, 알루미늄(Al)=27, 칼슘(Ca)=40, 아보가드로 수=6.02×10^{23} mol^{-1}, 기체의 부피는 0 ℃, 1.01×10^{5} Pa(1기압)에서의 값이다.

문제1 수소 연소의 화학 반응식은 $2H_2 + O_2 \rightarrow 2H_2O$이다. 3.0 mol의 수소와 반응하는 산소의 물질량과 생성하는 물의 물질량을 구하라.

문제2 0 ℃ 표준 상태의 산소 중에서 6.4 g의 메탄올(CH_4O)을 완전 연소시켰다.

$$2CH_4O + 3O_2 \rightarrow 2CO_2 + 4H_2O$$

1 산소는 표준 상태에서 몇 mol 필요한가?

2 물은 몇 g 생기는가?

3 이산화 탄소는 몇 L 생기는가?

문제3 탄산 칼슘($CaCO_3$)에 묽은 염산(HCl)을 반응시키면 염화 칼슘($CaCl_2$)과 물(H_2O), 이산화 탄소(CO_2)를 생성한다.

1 이 반응을 화학 반응식으로 쓰라.

2 20 g의 탄산 칼슘이 완전히 반응하면 발생하는 이산화 탄소(CO_2)는 표준 상태에서 몇 mol인가?

▶ 해답은 170p

이번 4장은 어땠어요?
몰(mol)을 처음 배울 때는 좀 어려웠지만 이젠 이해했어요.
몰이 그리 큰 수인 줄도 모르고……
하마터면 파산할 뻔했어.
ㅠㅠ
선물 많이 주면 좋아할 줄 알았지!
그러게 신중했어야지……

알고 넘어가기 1
해답

문제1

(1)

① 질소 원자(N)의 원자량은 원자량의 표를 보면 14예요. 1 mol의 질량은 원자량 값에 g을 붙인 것과 같으므로, 1 mol의 질소 원자(N)의 질량은 14 g이 돼요.

② 질소 분자(N_2)에는 질소 원자(N)가 2개 들어 있으므로, ①과 마찬가지로 질소 분자 N_2의 분자량은 28이 돼요. 마찬가지로 1 mol의 질량은 분자량(원자량의 합)의 값에 g을 붙인 것과 같으므로, 1 mol의 질소 분자(N_2)의 질량은 28 g이에요.

(2)

1개의 암모니아(NH_3)에는 질소 원자(N)가 1개, 수소 원자(H)가 3개 들어 있어요. 암모니아(NH_3)에는 질소 원자(N)의 3배의 수소 원자(H)가 들어 있어요. 따라서 질소 원자(N)는 1 mol, 수소 원자(H)는 3 mol이 돼요.

(3)

① 물 분자(H_2O)의 분자량은 18이므로 1 mol의 질량은 18 g이 돼요. 1 mol이 18 g이므로, 2 mol은 2배인 36 g이 돼요.

② 같은 방법으로 18 g이 1 mol이므로, 9 g은 절반인 0.5 mol이에요.

문제2

(1)

① 71(35.5×2)

② 16(12+1×4)

③ 46(12×2+1×6+16×1)

④ 58.5(23+35.5)

(2)

① 142 g(71×2)

② 0.1 mol(7.1÷71)

③ 24 g(16×1.5)

④ 3 mol(48÷16)

⑤ 5.85 g(58.5×0.1)

⑥ 2 mol(117÷58.5)

알고 넘어가기 2
해답

문제1

① 2　② 100　③ 3　④ 300　⑤ 1　⑥ 500　⑦ 3　⑧ 150

문제2

① 3　② 6　③ 1　④ 3

알고 넘어가기 3
해답

문제1

(ㄱ) 1	(ㄴ) 2	(ㄷ) 22.4
(ㄹ) 1	(ㅁ) 28	(ㅂ) 6.02×10^{23}
(ㅅ) 32	(ㅇ) 22.4	

문제2

(1) 5 mol

(2) $3.01\times10^{24}(30.1\times10^{23})$개

(3) 36 g

(4) 10 mol

(5) 11.2 L

(6) 2 mol

【해설】

(1) $3.01\times10^{24}\div(6.02\times10^{23})\ mol^{-1}=5\ mol$

(2) $(6.02\times10^{23})\ mol^{-1}\times5\ mol=30.1\times10^{23}=3.01\times10^{24}$

(3) $H_2O=18$ g/mol이므로, 18 g/mol×2 mol=36 g

(4) $H_2O=18$ g/mol이므로, 180 g÷18 g/mol=10 mol

(5) 모든 기체는 22.4 L/mol이므로, 22.4 L/mol × 0.5 mol = 11.2 L

(6) 44.8 L÷22.4 L/mol=2 mol

문제3

(1) 4.0 g

(2) 44.8 L

(3) $1.204\times10^{24}(12.04\times10^{23})$개

(4) 6.02×10^{24}개

(5) 56 g

(6) 112 L

【해설】

(1)

6.02×10^{23}개=1 mol

↓2배 ↓2배

12.04×10^{23}개=2 mol

수소 분자(H_2)의 분자량 = 2이므로,

1 mol = 2.0 g

↓2배 ↓2배

2 mol = 4.0 g

(2)

수소 분자(H_2)의 분자량 = 2이므로,

2 g = 1 mol

↓2배 ↓2배

4 g = 2 mol

모든 기체는 표준 상태에서,

1 mol = 22.4 L

↓2배 ↓2배

2 mol = 44.8 L

(3)

모든 기체는 표준 상태에서,

22.4 L = 1 mol

↓2배 ↓2배

44.8 L = 2 mol

1 mol = 6.02×10^{23}개

↓2배 ↓2배

2 mol = 12.04×10^{23}개 = 1.204×10^{24}개

(4)

물 분자(H_2O) 18 g의 분자 수 = 6.02×10^{23}

각각 10배일 때,

180 g의 분자 수 = 60.2×10^{23} = 6.02×10^{24}

(5)

모든 기체는 표준 상태에서

22.4 L = 1 mol

↓2배 ↓2배

44.8 L = 2 mol

질소(N_2)의 분자량 = 14×2 = 28이므로,

1 mol = 28 g

↓2배 ↓2배

2 mol = 56 g

(6)

산소(O_2)가 $3.01 \times 10^{24} = 30.1 \times 10^{23}$개라는 것.

30.1×10^{23}은 6.02×10^{23}의 5배.

6.02×10^{23} = 22.4 L

↓5배 ↓5배

30.1×10^{23} = 112 L

알고 넘어가기 4
해답

문제1

계수비는,

$H_2 : O_2 : H_2O = 2 : 1 : 2$

물질량(mol)의 비와 같으므로,

3 : 1.5 : 3

해답: 산소 1.5 mol, 물 3.0 mol

문제2

1

① 단위 변환

메탄올(CH_4O, 분자량: 32)은 1 mol당 32 g이므로, 메탄올 6.4 g은 $\frac{6.4}{32} = 0.2$가 되어,

0.2 mol이 된다.

② 계수비와 물질량(mol)의 비

화학 반응식에 의해 메탄올 : 산소 = 2 : 3 = 0.2 : 0.3이 된다.

해답: 0.3 mol

2

② 계수비와 물질량(mol)의 비

화학 반응식에 의해 메탄올 : 물 = 2 : 4 = 0.2 : 0.4

① 단위 변환

물(H_2O, 분자량 18)은 1 mol당 18 g이므로 0.4 mol은 18 × 0.4 = 7.2 g이 된다.

해답: 7.2 g

3

② 계수비와 물질량(mol)의 비

화학 반응식에 의해 메탄올 : 이산화 탄소 = 2 : 2 = 0.2 : 0.2

① 단위 변환

이산화 탄소도 1 mol당 22.4 L이므로, 0.2 mol은 22.4 × 0.2 = 4.48 L가 된다.

해답: 4.48 L

문제3

1

$CaCO_3 + 2HCl \rightarrow CaCl_2 + H_2O + CO_2$

2

① 단위 변환

탄산 칼슘($CaCO_3$, 분자량 100)은 1 mol당 100 g이므로, 20 g은 $\frac{20}{100} = 0.2$. 따라서 0.2 mol이 된다.

화학 반응식에 의해 탄산 칼슘 : 이산화 탄소 = 1 : 1이므로 발생하는 이산화 탄소는 0.2 mol.

해답: 0.2 mol

5
장

유기 화합물이란 무엇일까?

유기 화합물이란 탄소 원자를 갖는 화합물을 말해요.
20세기 이후 수많은 유기 화합물이 합성되어 일상 생활에서 이용되고 있어요.
제5장에서는 유기 화합물의 결합 방법 및 구조, 그리고 대표적인 유기 화합물의 특징에 대해서 살펴볼게요.

5-01 유기물(유기 화합물)이란 무엇일까?
–'유기 화합물=자연물'이 아니다

유기물이란 **유기 화합물**(=탄소 원자를 갖는 화합물) 중에서 생명의 유래와 관련된 물질을 일컫는 말로 자주 사용해요. '유기 비료', '유기 농업'이란 말에도 '유기'가 들어 있어요. 하지만 '유기 유리', '유기 반도체' 등의 '유기'는 의미가 더 넓어서, '유기 화합물로 만든 유리' 혹은 '유기 화합물로 만든 반도체'라는 의미로 사용되고 있어요.

유기는 영어로 'organic'인데 '유기체의', '기관의'라는 뜻도 있어요. 이에 비하여 무기를 직접 표현하는 영어 단어는 없고 '~가 아니다'라는 뜻의 접두어 'in'을 붙여서 'inorganic'이라고 해요. 직역하면 '유기가 아님'이 돼요.

유럽권에서는 '생명은 신이 만든 것. 생명력에는 신의 힘이 깃들어 있다'는 생각이 지배적이었어요. 예를 들면 소의 생명력은 소에서 짠 우유에도 담겨 있고, 당연히 우유 성분인 젖산에도 담겨 있다는 생각이에요. 19세기 이전의 과학 기술로는 젖산과 같은 유기 화합물을 합성하는 것이 어려워서, 유기 화합물을 인공적으로 만드는 것이 불가능한 시대였어요. 그래서 '생명력이 깃든 유기물을 사람의 손으로 합성할 수 없다'고 생각한 거예요.

그런데 이와 같은 상식을 깬 연구자가 나타났어요. 1928년 독일의 화학자 프리드리히 뵐러(Friedrich Wohler)예요. 뵐러는 광산에서 나오는 사이안산 암모늄(무기 화합물)을 가열했을 때 요소(유기 화합물)로 변하는 것을 발견하고 **유기 화합물의 인공적인 합성에 새로운 장을 열었어요**. 지금은 의약품과 플라스틱 제품을 비롯해서 많은 유기 화합물이 합성되어 생활에 도움을 주고 있어요.

유기물이 뭐예요?
유기물이란 탄소 원자를 포함한 화합물 (유기 화합물) 을 말해요.
organic
과거에는 생명의 유래와 관련된 물질을 일컫는 말이었어요.
생명의 유래와 관련된 물질은 어떤 것이 있지요?
요소도 그중 하나예요.
소변에도 들어 있어요.
옛날에는 유기 화합물을 인공적으로 만들 수 없다고 생각했어요.
하지만 1928년 프리드리히 뵐러가 무기 화합물인 사이안산 암모늄에 열을 가하여
요소로 변하는 것을 발견했어요.
동물
광산
소변
농축
건조
분리
정제
화학 변화
요소
사이안산염
지금은 플라스틱 등 많은 유기물을 편리하게 사용하고 있어요!

5-02 탄소(C)와 규소(Si)는 어떻게 다를까?
- 같은 14족이라도 큰 차이가 있다!

20세기 이후 생물에서 얻어진 물질(생체 물질)과 함께 인공적인 **유기 화합물**이 많이 합성되면서 유기 화합물의 종류도 현저하게 늘어 났어요. 하지만 구성 원소는 그리 많지 않아요. 반드시 포함되는 탄소(C)를 비롯하여 주요 원소인 수소(H), 산소(O), 질소(N)를 중심으로 할로젠(F, Cl, Br, I), 황(S), 인(P), 규소(Si) 등 많아야 10여 종류에 불과해요. 이처럼 적은 원소들의 조합으로 1,000만 종류가 넘는 유기 화합물이 만들어지는데 여기에는 **탄소 원자가 갖는 독특한 특성이 크게 작용해요.**

탄소(C)와 규소(Si)는 주기율표상에서 같은 14족 원소예요. 하지만 2주기의 탄소가 유기 화합물의 주역인데 반해서, 3주기의 규소(Si)는 광물, 즉 무기 화합물의 주요한 구성 원소라는 점에서 대조적이에요.

탄소 원자의 특징을 살펴볼게요. 우선 양이온도 음이온도 되기 어려운 점을 들 수 있어요(규소는 전기적으로 약간 양성을 띠기 쉬운 경향이 있어요). 때문에 탄소는 매우 긴 사슬(C- C- C- C- C- C-……)을 만들 수 있어요(규소는 겨우 몇 개의 원자밖에 연결되지 않아요).

앞에서 설명했듯이(**3장, 3-03**), 탄소 사슬은 단일 결합(두 원자 사이에 1개의 전자쌍을 공유하는 결합) 외에 이중 결합(에틸렌), 삼중 결합(아세틸렌)이라는 특별한 형태의 공유 결합을 만드는 것이 특징이에요. 이것을 동물의 뼈대에 비유해서 **탄소 골격**(뼈대)이라고 해요.

많은 화합물은 탄소 골격 주위에 수소가 결합하고 있어서 흔히 탄화수소라고 하는데 실제로는 탄소 골격이 수소를 둘러싸고 있다고 생각할 수 있어요.

영어로 'hydrocarbons'는 수소화한 탄소라는 의미예요. 때문에 유기 화합물을 태우면 이산화 탄소(CO_2)가 발생하고 물(H_2O)이 생기는 경우가 많아요.

또 탄화수소는 분자 간에 끌어당기는 힘이 약한 것이 특징이에요. 그래서 탄화수소는 기체나 기화하기 쉬운 액체이며(낮은 끓는점, 낮은 녹는점), 물과 잘 섞이지 않고(소수성), 비중이 1보다 작아서 수면에 기름 상태로 뜨는 성질이 있어요.

●탄화수소의 성질을 결정하는 작용기

탄화수소의 골격 위에 결합하여 탄화수소의 성질을 결정하는 것을 **작용기**(Functional Group)라고 해요. 작용기는 탄화수소의 사슬에 결합하여 알코올이나 카복실산과 같이 종류나 성질을 결정하므로, 이러한 기능을 제공하는 원자단을 일컬어요. 일반적으로 유기 화합물은 **분자의 형태를 결정하는 탄화수소의 골격과 골격 위에 결합하여 그 성질을 결정하는 작용기**로 이루어져 있다고 할 수 있어요.

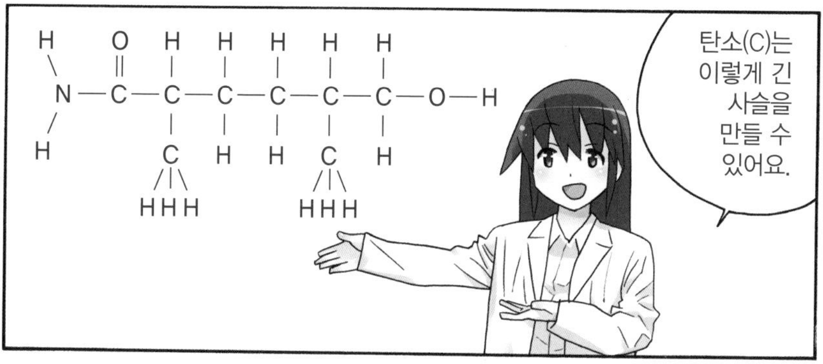
탄소(C)는 이렇게 긴 사슬을 만들 수 있어요.

5-03 알케인, 알켄, 알카인이란 무엇일까? - 유기 화합물을 만드는 결합 1 (포화와 불포화)

에테인(CH_3-CH_3)과 에틸렌($CH_2=CH_2$), 아세틸렌($CH\equiv CH$)의 공유 결합에 대해서는 3장에서 설명했어요. 에테인은 결합한 C−C의 나머지 **결합선** 6개가 모두 수소(H)로 채워져 있어요. 그래서 에테인은 **수소로 포화된 화합물**이라고 해요. 하지만 에틸렌이나 아세틸렌은 6개 결합선 모두가 수소(H)로 채워져 있는 것은 아니에요. 이들은 완전하게 수소로 포화되어 있지 않은 화합물 즉, **불포화 화합물**이에요. 포화되어 있지 않은 만큼 결합할 수 있는 여유가 있어서 **이중 결합** 내지는 **삼중 결합**(π **결합**)을 만들어요.

가장 간단한 유기 화합물은 1개의 탄소(C)에 4개의 수소(H)가 결합한 메테인(CH_4)이에요. 메테인은 천연가스(LNG)의 주성분(약 80 % 이상)으로 도시가스의 중요한 연료예요. 천연가스에는 에테인(C_2H_6) 등도 포함돼요. 도시가스와 마찬가지로 프로페인(C_3H_8)도 가정용 연료로 널리 사용되고 있어요.

최근 도시가스나 프로페인(프로판) 가스 사고를 예방하기 위해서 가스 누출 경보기 설치가 의무화되었어요. 도시가스용의 경보기는 높은 곳에, 프로페인 가스용은 낮은 곳에 설치하고 있어요. 이처럼 경보기 위치가 다른 것은 도시가스의 주성분인 메테인(분자량 16)이 공기(평균 분자량 29)보다 비중이 작고 프로페인(분자량 44)은 비중이 크기 때문이에요.

메테인이나 프로페인과 같은 부류를 흔히 **알케인**(**사슬 형태의 포화 탄화수소**)이라고 해요. 알케인은 연소하기 쉬운데 반해서 다른 물질과의 화학 반응성은 떨어지고 강산과 강알칼리에 반응하기 어려운 물질이에요.

에틸렌과 같은 부류를 **알켄**, 아세틸렌과 같은 종류를 **알카인**이라고 하는데 이들은 화학 반응성이 뛰어나요(모두 불포화 탄화수소).

에틸렌($CH_2=CH_2$)은 유기 화학 공업의 원료로서 가장 많이 제조되고 있는 알켄이에요. 폴리에틸렌은 포장지 등 다양한 제품으로 이용되고 있어요. 에틸렌은 식물 호르몬의 일종이기도 해요. 익기 전의 녹색 바나나는 잘 익은 사과와 함께 봉지에 넣어서 밀봉시키면 빨리 숙성해요. 녹색 귤 역시 에틸렌으로 처리하면 잘 익은 노란색 귤로 빨리 익어요. 이처럼 에틸렌은 과일을 숙성시키는 역할을 해요. 하지만 난이나 카틀레야, 카네이션처럼 에틸렌에 민감한 꽃은 봉오리를 열지 않거나 시들기도 해요.

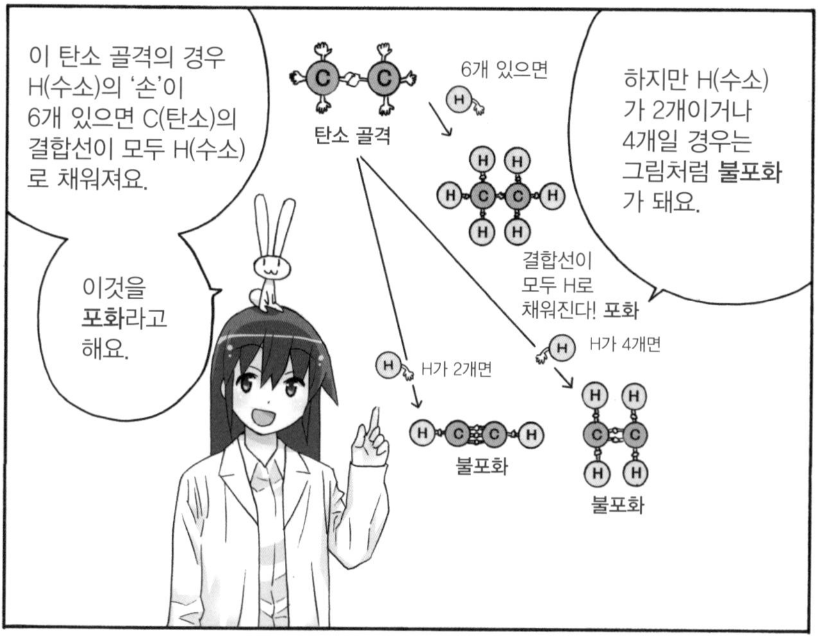

이 탄소 골격의 경우 H(수소)의 '손'이 6개 있으면 C(탄소)의 결합선이 모두 H(수소)로 채워져요.
이것을 포화라고 해요.
탄소 골격
6개 있으면
결합선이 모두 H로 채워진다! 포화
H가 2개면
불포화
H가 4개면
불포화
하지만 H(수소)가 2개이거나 4개일 경우는 그림처럼 불포화가 돼요.

5-04 방향족은 좋은 향이 난다? – 유기 화합물을 만드는 결합 2 (지방족과 방향족)

앞에서 설명한 포화와 불포화의 탄소 골격은 영양소의 일종인 **지질**(중성 지방)의 구조로 알려져 있어요. 지질은 탄소 수가 많은 지방산(고급 지방산)과 글리세린(글리세롤)이 결합한 것(일반적으로 에스터)이에요. 고급 지방산의 탄소 골격은 모두 직선 사슬 형태인 것이 특징이에요.

지방산에는 포화 지방산(이중 결합을 포함하지 않음: 팔미트산 및 스테아르산 등)과 불포화 지방산(이중 결합을 포함: 올레산 및 리놀레산 등)이 있어요. 포화든 불포화든 사슬 형태의 탄소 골격으로 이루어진 것을 **지방족 화합물**이라고 해요.

방향족 화합물의 역사는 비교적 짧아요. 영국의 과학자로 전자 유도, 전기 분해의 법칙을 발견한 마이클 패러데이(Michael Faraday)가 고래기름을 가열하여 벤젠을 분리한 것이 최초예요. 19세기 초반인 1825년의 일이며, 이후 결정된 분자식은 C_6H_6예요.

탄소 수와 수소 수가 6인 불포화도가 높은 화합물은 구조식 안에 여러 개의 **이중 결합**을 갖는 것이 일반적이에요. 하지만 벤젠은 이중 결합에서 당연히 일어나는 화학 반응(첨가 반응)에 강하게 저항해요. 이것을 설명하기는 어려워요. 벤젠과 같은 특이한 부류의 화합물을 방향족 화합물이라고 해요. 이름처럼 향을 갖고 있어서예요.

● '거북이 등껍질 무늬'의 벤젠 고리

벤젠의 구조 문제는 독일의 화학자 아우구스트 케쿨레(August Kekulé)가 해결했어요. 이른바 '거북이 등껍질 무늬'라고 불리는 벤젠 고리 구조는 6개의 탄소 원자가 육각형의 고리를 이루며 내부의 3곳에 이중 결합을 갖는 구조예요.

벤젠 고리 내부의 이중 결합은 각각 독립되어 있지 않고 서로 영향을 주고 받으며(**공명**), 벤젠 고리를 안정된 상태로 유지하고 있어요. 만일 에틸렌 및 다른 불포화 탄화수소처럼 **첨가 반응**을 일으키면 벤젠 고리가 갖는 특유의 안정성을 잃어버려요.

방향족 화합물은 불포화 지방족 화합물과는 달리 벤젠 고리의 수소를 다른 원자와 교환하는 **치환 반응**을 일으킨다는 것이 알려졌어요. 현재는 방향족에 속하는 화합물 모두가 향을 가지는 것은 아니며, 일부만 향을 가지는 것으로 밝혀졌어요.

불포화 지방산의 예 (리놀레산, 동물에게 꼭 필요하다)

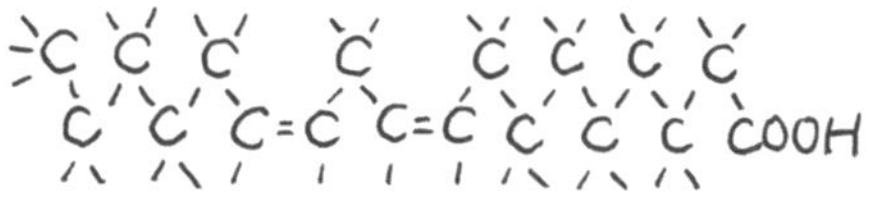

위 그림은 불포화 지방산의 리놀레산이에요. **이중 결합**을 가져요.
케쿨레는 꿈속에서 뱀이 자신의 꼬리를 물고있는 것을 보고,
귀엽네.
벤젠의 **육각형 고리** (고리 모양으로 결합한 원자가 6개 있는 구조)를 생각해 냈다고 해요.

5-05 분자식으로는 알 수 없는 '이성질체'란?
– 유기 화합물의 구조 1 (직선형, 굽은형, 고리 모양)

우선 **변화 무쌍한 탄소 골격**에 대해서 살펴볼게요. 사슬형으로 연결된 탄소 골격은 $-CH_2-$의 연속으로 가지가 없는 알케인은 $H-(CH_2)_n-H$와 같이 나타내요. 사슬 부분은 $-CH_2-$가 반복되면서 양끝에 H를 1개씩 더해준다고 생각할 수 있어요.

수소의 수를 정리하면 분자식은 C_nH_{2n+2}가 돼요(n은 탄소 수: 메테인은 1, 에테인은 2, 프로페인은 3). 라이터 가스로 사용되는 뷰테인은 탄소 수 n=4이므로 C_4H_{10}으로 나타내요.

그런데 **그림 5-5-1**을 봐 주세요. 두 개의 화합물은 같은 수의 C와 H로 이루어져 있어요. 두 개 모두 분자식 C_4H_{10}의 화합물이에요. 그러나 끓는점과 그 밖의 성질이 달라서 같은 물질이 아닌 것을 알 수 있어요. 이처럼 분자식이 같아도 원자의 배열 순서(탄소 골격 구조)가 다르면 다른 물질이 되며 성질도 달라요. 그래서 이들을 **이성질체(구조 이성질체)**라고 해요.

알케인의 분자식 C_nH_{2n+2}을 기준으로 생각하면 탄소 수가 같은 알켄의 분자식은 C_nH_{2n}이 되며 수소가 2개 줄어요. 알카인에서는 마찬가지로 분자식 C_nH_{2n-2}이며 수소가 4개 줄어요. 만일 분자 안에서 이중 결합이 두 곳이면 어떻게 될까요? 역시 수소가 4개 줄고 분자식은 C_nH_{2n-2}으로 알카인과 같아요.

● 탄소 골격 화합물은 동료가 많다

지방족의 고리 모양 탄화수소에도 포화, 불포화인 것이 있어요. 고리 모양의 알케인을 사이클로(cyclic) 알케인이라고 하며, 이중 결합일 경우는 사이클로 알켄이라고 해요.

C_4H_8의 분자식을 알켄이라고 했는데, **고리 모양의 구조까지 염두에 두면 이성질체의 수가 훨씬 많아져요.** 예를 들면 뷰테인(C_4H_{10}) 분자의 양 끝의 수소가 빠지고 고리 모양이 되도록 결합선을 이으면 사각형의 분자인 사이클로 뷰테인 C_4H_8이 돼요. 이처럼 탄소 골격 화합물은 변화무쌍한 같은 부류를 만들어 가요.

사이클로 알케인 중에서 가장 작은 것은 삼각형의 사이클로 프로페인, 반대로 현재까지 알려진 가장 큰 고리는 288개의 탄소가 고리 모양을 이룬 사이클로 옥타옥타콘타덱타 $C_{288}H_{576}$예요.

그림 5-5-1 분자식이 같은 두 종류의 화합물

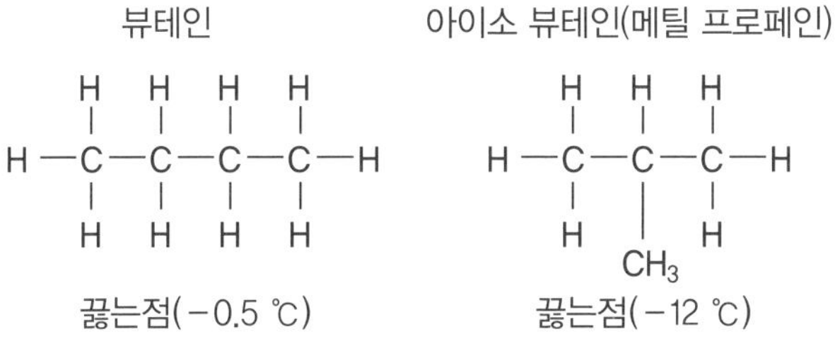

분자식(C_4H_{10})은 같지만 다른 물질이다. 이를 이성질체(구조 이성질체)라고 한다.

그림 5-5-2 사이클로 헥산과 헥센

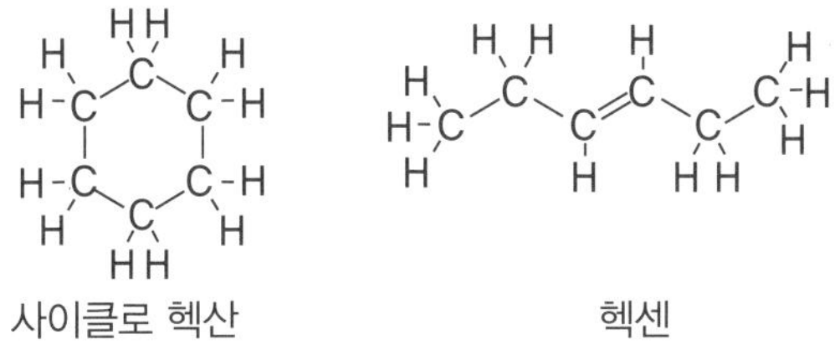

사이클로 헥산과 헥센 역시 같은 수의 C와 H로 이루어진 이성질체(C_6H_{12})이다.

5-06 왜 벤젠은 납작할까? – 유기 화합물의 구조 2 (입체와 평면)

메테인은 해변에 있는 테트라포드(Tetrapod)와 같은 구조(정사면체형)로 입체적인 분자에요. **제3장, 3-03**에서 메테인과 에테인을 십자형 구조식으로 나타냈는데 실제로 알케인의 기본 구조는 테트라포드 구조예요(**제3장, 3-04**).

뒤에서 설명할 텐데 당 혹은 아미노산 화합물은 4종류의 다른 원자 집단(원자단)이 테트라포드의 끝부분에 결합하기 때문에, 실상과 거울상 관계에 있는 이성질체(광학 이성질체의 관계)가 생겨나요.

에틸렌처럼 **이중 결합**을 갖는 것은 평면형이에요. 이중 결합을 만드는 원자는 **3곳에 전자가 집중된 삼각형**이 기본이에요. 탄소 원자 2개가 나란히 평면형을 만들어요.

아세틸렌과 같이 **삼중 결합** 구조를 갖는 것은 **2곳에 전자가 집중된 직선형**이 기본이에요. 탄소가 2개 나열하므로 분자 역시 직선형의 탄소 골격을 이루어요.

제3장에서 설명했듯이 메테인의 정사면체형은 H−C−H가 109.5°의 각도로 결합하고 있어요. 사이클로 알케인 중에는 오각형의 사이클로 펜탄과 육각형의 사이클로 헥산이 이 결합 각도에 가까운 상태를 유지하기 때문에 안정되어 존재하며, 자연물 구조에서도 많이 찾아볼 수 있어요.

예를 들면 체내 물질의 콜레스테롤은 3개의 육각형과 1개의 오각형 구조가 서로 결합되어 만들어졌어요.

에틸렌 좌우의 수소 2개 또는 사이클로 알케인 주위의 수소 2개가 다른 원자나 분자로 치환될 경우, 치환기가 같은 방향(**시스cis형**)인지, 반대 방향(**트랜스trans형**)인지에 따라서 서로 다른 물질이 돼요. 이것을

기하 이성질체의 관계라고 해요.

또 사이클로 헥산 고리 안에 이중 결합이 있으면 그 부분은 평면형이 돼요. 벤젠은 육각형 모양으로 3곳에서 이중 결합을 하므로 결국 분자 전체가 평면형으로 정육각형이 돼요.

에틸렌의 골격은 평면적
2곳을 'Cl'로 치환하면
에틸렌의 골격은 평면적이에요. 이 골격의 2곳을 Cl(염소)로 바꾸면 ……
'Cl'가 같은 방향에 있다.
시스형
'Cl'가 반대 방향에 있다.
트랜스형
Cl이 같은 방향에 있으면 시스형, 반대 방향에 있으면 트랜스형이 돼요. 이 2개는 별개의 물질이며, 기하 이성질체의 관계라고 해요.

5-07 알코올과 당질은 관계가 깊다?
– 알코올, 에터, 페놀

술의 성분 표시에서 '알코올 도수 15 % 이상'일 때의 알코올은 '에탄올'을 말해요. 하지만 화학 물질로서 알코올을 말할 때는 보통 OH 즉, **하이드록시기를 갖는 유기 화합물**을 가리킬 때가 많아요. 이런 의미에서 알코올의 종류는 굉장히 많아요.

예를 들면 포화의 사슬형 탄화수소(C_nH_{2n+2}), 2n+2개의 H 중에서 어느 1개의 H가 OH로 치환된 $C_nH_{2n+1}OH$ 화합물은 모두 알코올이에요. 이성질체가 많이 있으며 탄소 수 n=3일 때는 **1-프로판올**과 **2-프로판올**의 2종류, 탄소 수 n=10의 **포화 알코올**은 507종류, n=20일 때는 560만 종류 이상이 돼요.

벤젠의 H를 OH로 치환한 **페놀류**는 지방족 알코올과는 다른 약산성을 나타내는 화합물이에요. 페놀의 기본 구조는 레드 와인의 폴리페놀 및 녹차의 카테킨에도 공통적으로 들어 있어요.

● 알코올과 물은 닮았다!?

알코올이나 페놀은 물 분자(H–O–H) 중에서 1개의 H를 각각 지방족이나 방향족의 탄화수소로 치환했다고 할 수 있어요. 실제로 알코올의 성질은 물과 닮은 점이 많아요.

예를 들면 금속 소듐 혹은 포타슘과 격렬하게 반응하여 수소를 발생하는 점이에요. 이는 하이드록시기의 특성에 의한 것으로, O–H 사이의 결합은 끊어지기 쉬워서 쉽게 H가 금속(Na 등)과 치환, 즉, 자리를 바꾸어 버려요. H가 쉽게 다른 것과 치환하는 또 하나의 예로 **에스터화**가 잘 알려져 있어요.

물 분자 H를 2개 모두 탄화수소로 치환하면 이 화합물은 에터가 돼요. 에터에는 이미 OH가 없기 때문에 금속 소듐과는 반응하지 않게 돼요. 또 수소 결합도 할 수 없어져서 분자 사이에 끌어당기는 힘도 약하고 끓는점이 낮아져 **휘발성 물질**이 돼요. 제3장 '알고 넘어가기 **1** 해답' (126~127p)에 나오는 에탄올과 다이메틸 에터의 구조식(구조 이성질체)을 참고해 주세요. 탄수화물이 서로 연결되어 전분 등으로 될 때의 결합 역시 에터 결합(글리코사이드 결합)이에요.

물 분자
C_nH_{2n+1}(지방족)으로 치환하면 $C_nH_{2n+1}OH$ 알코올
C_6H_5 (방향족)으로 치환하면 C_6H_5OH 페놀
이쪽도 동시에 치환하면
에터
그리고
2개 이상 있으면 폴리페놀
물 분자의 H(수소) 1개를 치환하면 알코올 혹은 페놀이 돼요.
양쪽을 C(탄화수소기)로 치환하면 에터가 돼요.
OH가 2개 이상 있으면 폴리페놀이 돼요.
물과 알코올은 많이 닮았네요.

5-08 알코올은 변신이 자유롭다? – 알데하이드, 케톤

알코올의 또 다른 중요한 반응은 알코올 자신의 **산화 반응**이에요. 다음 **그림 5-8-1~그림 5-8-4**와 같이 작은 차이로 특유의 생성물이 각각 얻어져요. 알코올은 종류에 따라서 이러한 유형의 산화에 강하게 저항하는 것도 있어요(3차 알코올).

1차 알코올에서 맨 처음 얻어진 알데하이드와 2차 알코올에서 얻어진 케톤에는 구조가 비슷한 점이 있어요. 모두 골격 안에 카보닐기(carbonyl group) ‘>C=O’를 갖는다는 거예요.

알데하이드는 카보닐기에 H가 1개(폼알데하이드는 예외로 H가 2개) 결합한 것으로 **시성식**에서 ‘−CHO’로 표시하는 것이 일반적이에요. 시성식이란 **분자 안에 포함된 ‘기’라는 원자 집단(원자단)을 명시한 화학식**을 말해요. 구조식보다 간단해서 분자식으로는 나타낼 수 없는 구조를 표시할 때 사용해요.

이 카보닐기에 붙은 H(−CHO의 H)는 산화되기 쉬워서 쉽게 OH가 되어요. 이 산화 반응에서 얻어진 물질은 카복실산(−COOH)이에요. 카복실산에 대해서는 다음 **5-09**에서 설명할게요.

한편 카보닐기에 H를 갖지 않는 케톤은 산화에 저항하는 성질이 있어요. 가장 간단한 케톤을 아세톤이라고 하는데 산화되기 어려워서 안정되어 있어요. 또 물뿐만 아니라 유기 화합물과도 친화력이 좋아서 유기 용매로서 알코올과 함께 널리 쓰여요.

3차 알코올은 앞에서도 말했듯이 산화 반응이 일어나기 어렵고, −OH가 −Cl 등 다른 기로 치환되는 **치환 반응**이 잘 일어나요(**그림 5-8-4**).

그림 5-8-1 1차 알코올 → 알데하이드 → 카복실산

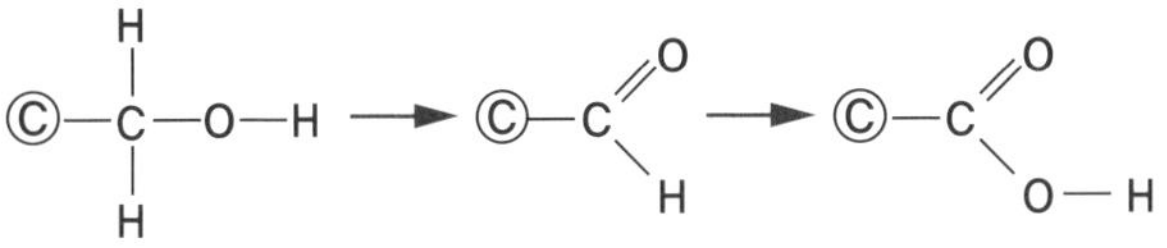

그림 5-8-2 2차 알코올 → 케톤

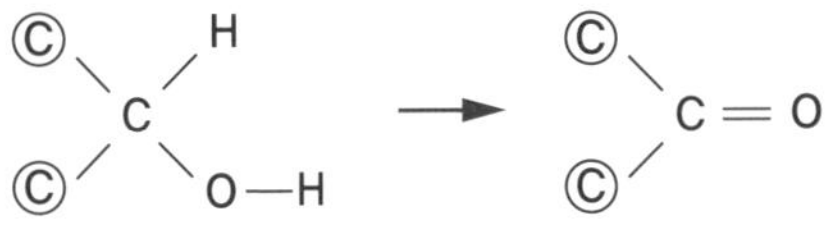

그림 5-8-3 3차 알코올 → 산화 반응하기 어렵다

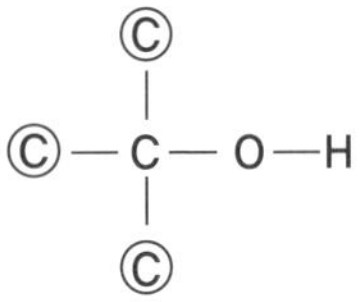

그림 5-8-4 3차 알코올 → 3차 할로젠화물

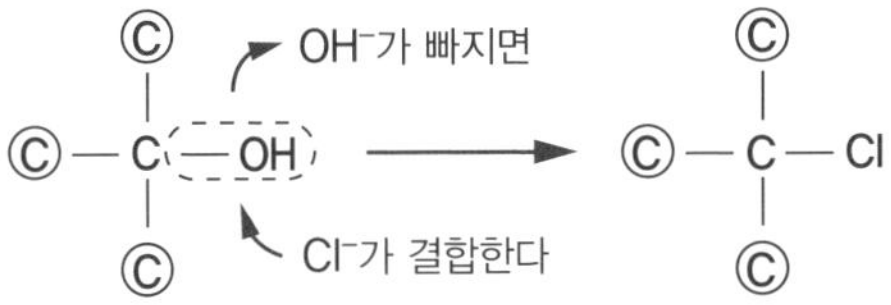
OH⁻가 빠지면
Cl⁻가 결합한다

OH⁻가 빠지고 Cl⁻가 결합하여, 염소(Cl)로 치환되었어요.
이것을 치환 반응이라고 해요.

5-09 유기산의 '대표 선수'는 무엇일까? – 카복실산

유기산은 유기 화합물로 산성 성질을 갖고 있어요. 주로 **카복실산**(carboxylic acid)과 **설폰산**(sulfonic acid)을 들 수 있어요. 5–10을 참조해 주세요. 가장 친숙한 카복실산은 아세트산(CH_3COOH)이에요. 구조식은 제3장 '알고 넘어가기 **1** 해답'(126~127p)을 참조해 주세요. 산의 원인이 되는 –COOH 부분을 **카복실기**(carboxyl group)라고 해요. 카복실기는,

$$\underbrace{CH_3}_{\text{알킬기}}\underbrace{COOH}_{\text{카복실기}} \rightarrow CH_3COO^- + H^+$$

와 같이 전리되어 H^+를 내놓기 때문에 산성을 나타내고 NaOH와 같은 알칼리와 중화 반응을 해요. 단, 전리도는 수 % 정도로 크지 않고 약산에 속해요(탄산보다는 강해요).

왼쪽 CH_3의 부분은 **알킬기**라고 하고 일반식으로 'R–'을 주로 사용해요. R = CH_3(메틸기)는 아주 작은 알킬기인데, 앞에서 말한 고급 지방산은 탄소 수가 17 이상으로 대부분 긴 사슬로 되어 있어요. 알킬기가 긴 사슬을 이루면서 물과 친하지 않은 성질(소수성)을 가지며 기름과 친화성이 높아요(친유성). 이 성질을 이용한 것이 비누예요. 비누는 고급 지방산(약산)을 강염기인 수산화 소듐(NaOH)으로 중화했을 때 생기는 소듐염이기 때문에 그 수용액은 OH^-가 풍부하고 염기성이 돼요.

카복실산은 각종 알코올 R–OH, 아민 R–NH_2과 중요한 반응을 해요. 이들 반응에서는 **그림 5–9–1**과 같이 반응물 사이에서 물 분자가 빠지고 새로운 결합을 하기 때문에 **탈수축합 반응**이라고 해요(5–11 참조).

알킬기 부분은 벤젠 고리(6개의 탄소 원자로 이루어진 정육각형 구조)로 치환했을 때 방향족 카복실산이 돼요(**그림 5-9-3**).

그림 5-9-1 탈수축합 반응이란?

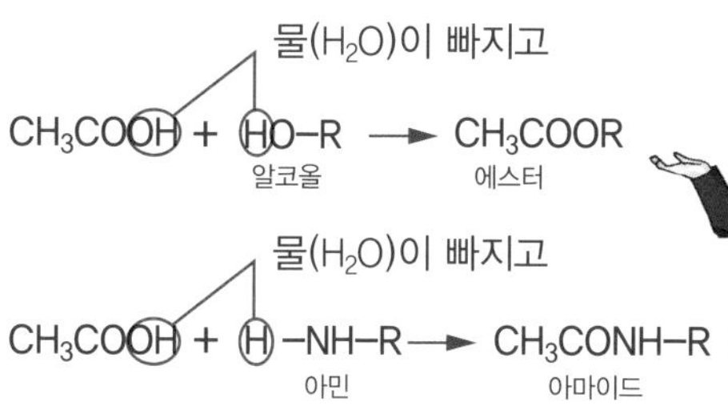

카복실산과 알코올의 탈수축합 반응으로 생기는 것이 에스터. 과일 향 성분으로 자연에도 존재한다. 카복실산과 아민의 탈수축합 반응으로 생기는 것이 아마이드이다. 아마이드는 단백질의 기본 구조에서도 볼 수 있는 중요한 것이다.

그림 5-9-2 탈수축합 반응의 예

아세트산 + 아이소펜틸 알코올 → 아세트산 아이소펜틸 알코올
(산) (알코올) (에스터)

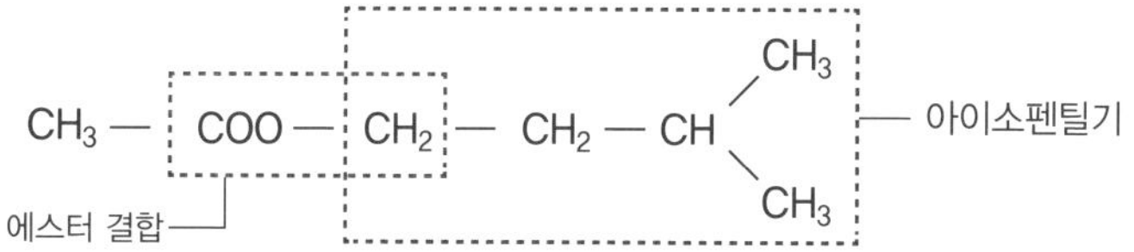

탈수축합 반응에서 '산'과 '알코올' 사이에 에스터 결합(새로운 결합)이 생긴다. 아세트산 아이소 펜틸은 바나나 향의 주요 성분. 아이소펜틸기는 삼림욕의 유효 성분 '테르펜'의 구조에서도 볼 수 있다.

그림 5-9-3 알킬기를 벤젠 고리로 치환하면……

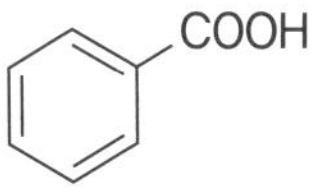

안식향산. 안식향은 동남 아시아의 식물 수액에서 채취되는 천연수지. 알킬기의 부분을 벤젠 고리로 치환했을 때 방향족 카복실산이 된다.

5-10 합성 세제로 잘 쓰이는 이유는 무엇일까? – 설폰산

설폰산도 유기산의 대표 선수예요. 설폰산은 벤젠 고리에 진한 황산을 작용시켜서 얻어진 물질이에요. 설폰산의 구조(R−SO_3H)는 황산 H_2SO_4과 비슷하며 황산과 마찬가지로 전리도도 커서 강한 산성을 나타내요.

$$R-SO_3H \rightarrow R-SO_3^- + H^+$$

탄화수소기로서 벤젠 고리를 갖는 방향족 설폰산은 간단하게 합성이 가능해요.

$$R-C_6H_5 + H_2SO_4 \rightarrow R-C_6H_4-SO_3H$$

이 반응을 **설폰화**라고 해요. 설폰산은 벤젠 고리상의 −H를 SO_3H(설폰기)로 치환하는 반응으로, 벤젠 고리가 치환 반응을 일으키기 쉬운 성질을 이용한 거예요.

벤젠 고리에 연결되는 R로서 긴 사슬의 알킬기를 갖는 방향족 설폰산을 수산화 소듐(NaOH)으로 중화한 염은 중성이에요. 그래서 천에 손상을 덜 주므로 합성 세제(ABS 세제)로 널리 사용되고 있어요(**그림 5-10-1**).

또 폴리스타이렌이라는 고분자 화합물의 벤젠 고리를 설폰화한 것은 양이온 교환 수지로서 이온 교환수(탈염수)를 제조하는 데 널리 사용되고 있어요(**그림 5-10-2**).

한편 지방족의 R−에 직접 −SO_3H(설폰기)를 연결시키기는 어렵기 때문에 보통은 사용하지 않아요.

긴 사슬의 알코올 R−OH와 황산 H_2SO_4의 탈수축합 반응에 의한 알킬 황산염은 합성 세제로 자주 사용돼요(그림 5-10-1 아래).

그림 5-10-1 **합성 세제 (음이온형)**

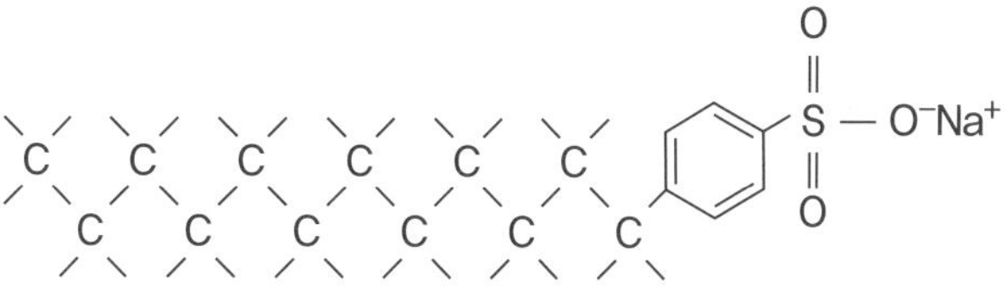

ABS(Alkyl Benzene Sulfonate) 세제

(곧은 사슬형) 도데실 황산염 세제

그림 5-10-2 **폴리스타이렌의 설폰화**

5-11 지질, 단백질의 기본은? – 에스터, 아마이드

카복실산과 알코올의 탈수축합 반응으로 생기는 **에스터**와 카복실산과 아민의 탈수축합 반응으로 생기는 **아마이드**는 중요하기 때문에 자세히 살펴볼게요.

● 에스터화

알코올이나 페놀의 O–H는 활성이 높으며 소듐과 같은 금속의 전이 작용에 의해서 H가 쉽게 금속과 치환해 버려요(기체 수소가 발생한다는 의미). H가 쉽게 다른 것과 치환되는 또 하나의 예가 **에스터화**예요.

에스터화는 카복실산 RCO–OH, 황산 HO–SO_2–OH, 질산 HO–NO_2 등 OH기를 갖는 산과 알코올 R–O–H에서 물이 빠지고 연결되는 반응이에요. 물이 빠진 만큼 분자가 줄어서 연결되기 때문에 이 반응을 **탈수축합 반응**이라고 해요(5–09 참조). 탈수축합 반응을 효율적으로 일으키기 위해서는 반응에 의해 생기는 물 분자 H_2O를 빼 버리면 간단해요. 이때 촉매로 사용하는 것이 물 흡수 작용이 있는 진한 황산 등이에요.

지방산 에스터는 바나나 혹은 감귤 계통의 과일 향의 성분인 아세트산 아이소아밀(바나나, 메론 향이 난다), 낙산에틸(바나나, 파인애플 향이 난다) 등이 많이 알려져 있어요.

무기 강산인 질산의 에스터에 속하는 것으로 나이트로 글리세린(다이너마이트의 원료, 협심증의 특효약)이나, 나이트로 셀룰로오스(무연화약 셀룰로이드의 원료)를 들 수 있어요. 이것들은 '나이트로~'라는 명칭이 붙는데, 나이트로 화합물(5–13 참조)이 아닌 질산과 알코올이 탈수축합 반응으로 생긴 질산 에스터예요. 황산 에스터는 5–10에서 알킬 황산염(자주 사용하는 합성 세제)에 대해 소개했어요.

● 아마이드화

아민의 N–H 활성은 알코올이나 페놀의 O–H 정도는 아니지만 OH를 갖는 산과 **탈수축합 반응**을 일으키는 데 충분한 활성이 있어요. 하지만 산과 아민(염기성 물질)을 혼합만 해서는 중화 반응에 의해 염이 생기고 반응이 끝나 버려요. 그래서 반응 조건(고온, 고압을 가하거나)이나 촉매가 필요하기도 해요(6–04도 참조).

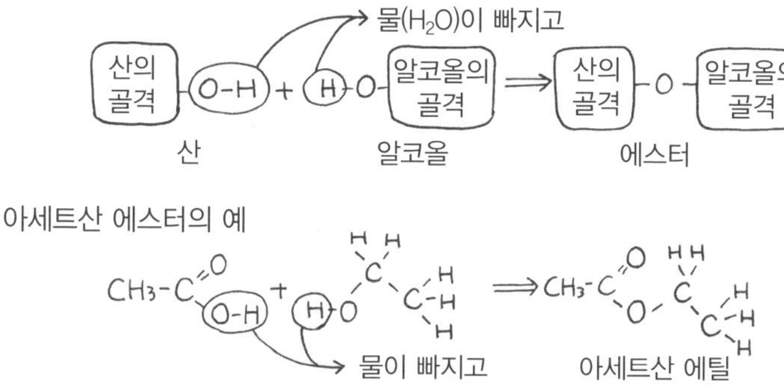

5-12 염화비닐 및 테플론 등으로 친숙한 – 할로젠화물

할로젠은 주기율표에서 17족이에요. 17족은 플루오린(F), 염소(Cl), 브로민(Br), 아이오딘(I) 그룹의 총칭이에요. 특히 염소(Cl)는 염화 소듐(NaCl)이나 염산(HCl)을 구성하는 원소로도 잘 알려져 있어요.

17족의 원소는 전기 음성도가 크며(음이온이 되기 쉽다, 2–05 참조), **유기화합물의 탄소 골격과 공유 결합**을 해요. 할로젠이 결합한 것을 유기 할로젠화물이라고 하며, 할로젠이 염소일 때 유기 염소화합물이 돼요. 염화비닐이나 테플론 등은 흔히 사용하는 유기 할로젠화물이에요.

$$CH_3CH_3 + Cl_2 \rightarrow CH_3CH_2Cl + HCl \text{ (치환 반응)}$$
$$CH_2{=}CH_2 + Cl_2 \rightarrow ClCH_2CH_2Cl \text{ (첨가 반응)}$$
$$CH{\equiv}CH + 2Cl_2 \rightarrow Cl_2CHCHCl_2 \text{ (첨가 반응)}$$

에테인과 염소와의 반응에서는 에테인 분자 안의 H가 1개 빠지고 대신 Cl가 1개 결합해요. H가 Cl로 바뀌었기 때문에 **치환 반응**이라고 해요.

그런데 알켄이나 알킨은 π 결합(이중 결합이나 삼중 결합 중에서 1개)을 깨고 염소를 받아들인 형태의 반응을 일으켜서 포화 알케인(유도체)이 되려는 경향이 있어요. 이 반응을 **첨가 반응**이라고 하며, π 결합 1개당 2개의 Cl가 붙어요.

방향족 화합물은 π 결합의 전자(π 전자)가 벤젠 고리 전체로 퍼져서 안정되어 있어요. 만일 이중 결합이 깨져서 첨가 반응을 일으키면 그 부분은 π 전자가 퍼지기 어려워져서 안정성을 잃어 버려요.

때문에 에틸렌과 달리 **벤젠 고리상에서는 첨가 반응이 일어나기 어렵**

고 치환 반응이 일어나기 쉬워요.

벤젠에 철가루를 촉매로 염소 분자(Cl_2)와 반응시키면 클로로벤젠을 생성해요(그림 5-12-1). 반응 전후를 비교하면 벤젠 고리의 수소 원자 H가 염소 원자(Cl)로 자리를 바꾸므로 치환 반응이라고 해요. 이처럼 염소 화합물이 생기는 반응을 **염소화**, 일반적으로 **할로젠 화합물**이 생기는 반응을 **할로젠화**라고 해요.

한편 벤젠 고리에 자외선 에너지로 활성화한 염소(Cl)와 반응시키면 벤젠 고리의 이중 결합에 염소 원자(Cl)가 붙어서 육염화 벤젠이 생성돼요. 이 반응에서 1 mol의 벤젠에 3 mol의 염소 분자(Cl_2)가 첨가 반응을 일으켜요(그림 5-12-2). 생성물은 벤젠 헥사 클로라이드(BHC)라고도 불리며 살충제로 널리 사용되었는데, 현재는 유독성이 문제가 되어 사용이 금지되었어요.

그림 5-12-1 클로로벤젠의 생성 방법

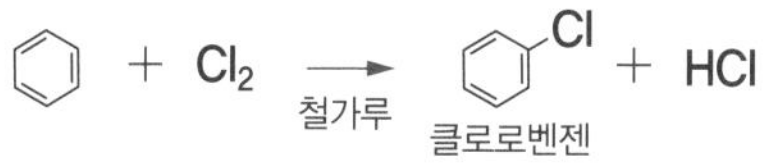

벤젠 고리에 철가루를 촉매로 염소 분자(Cl_2)와 반응시키면 클로로벤젠이 돼요.

그림 5-12-2 BHC의 생성 방법

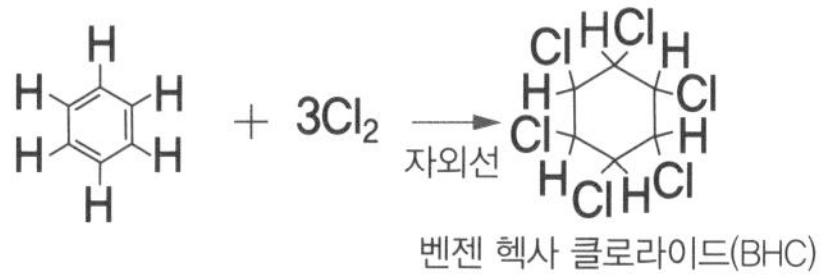

벤젠 고리에 자외선으로 염소와 반응시키면 벤젠 헥사 클로라이드(BHC)가 돼요.

5-13 잘못 만지면 손이 노랗게 된다? – 나이트로 화합물

벤젠을 진한 질산과 반응시키면 나이트로 벤젠이 얻어져요. 나이트로기 $-NO_2$는 질산 $HO-NO_2$에서 HO−가 빠진 형태이므로 진한 황산 등 탈수 작용을 하는 물질이 공존하면, 방향족의 탄소 골격 Ar−H(Ar은 벤젠 고리) 사이에서 쉽게 탈수축합 반응이 일어나요(**그림 5-13-1**). 벤젠 고리를 갖는 **나이트로 화합물**은 일반적으로 황색이에요.

진한 질산이 단백질과 접촉하면 단백질이 황색으로 변한다고 알려져 있어요. 이것을 **크산토프로테인 반응**이라고 하며, 단백질을 구성하는 방향족 아미노산의 벤젠 고리가 나이트로화의 반응을 받아서 황색의 나이트로 화합물이 되기 때문에 일어나요(**그림 5-13-2**). 실수로 진한 질산이 손에 묻으면 피부(단백질)에서 크산토프로테인 반응이 일어나서 노랗게 돼요.

앞에서 설명한 것처럼 나이트로 글리세린(다이너마이트의 원료, 협심증의 특효약)이나 나이트로 셀룰로오스(무연 화약 셀룰로이드의 원료)는 이름은 '나이트로'지만 화학적으로는 나이트로 화합물이 아니에요. 질산과 알코올 사이에서 탈수축합 반응이 일어나서 생긴 에스터예요(**그림 5-13-3**). 얼핏 동일하게 보이지만 탄소 골격의 C와 나이트로기의 N 사이를 산소 O가 다리 역할을 하는 구조이기 때문에 질산 에스터가 돼요.

본래의 지방족 나이트로 화합물은 나이트로기 $-NO_2$가 메테인이나 에테인 등의 탄소 골격에 직접 결합하고 있는 유기 화합물을 말해요. 아이오딘화 알킬 R−I에서 다음 반응으로 만들어져요.

$$R-I + AgNO_2 \rightarrow R-NO_2 + AgI$$

나이트로 메테인이나 나이트로 에테인은 무색의 액체로 에터와 같은 냄새가 나요.

그림 5-13-1 **탈수축합 반응**

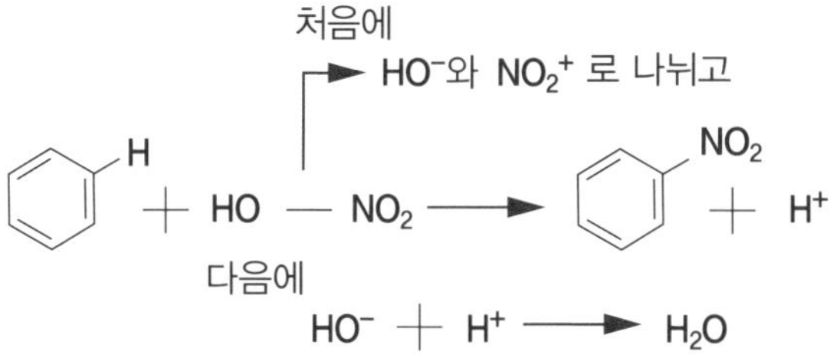

그림 5-13-2 **크산토프로테인 반응**

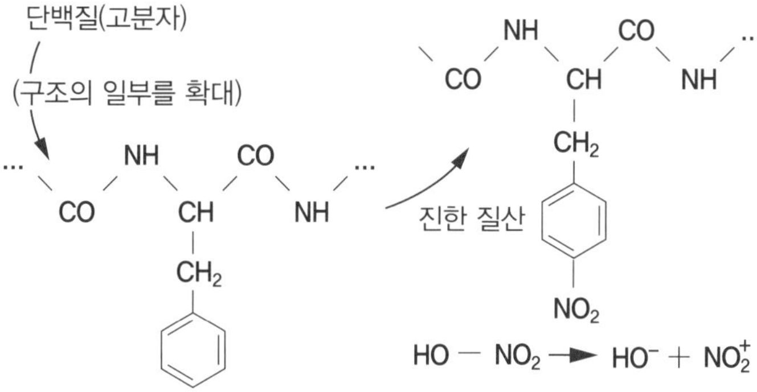

그림 5-13-3 **탈수축합 반응으로 생긴 에스터**

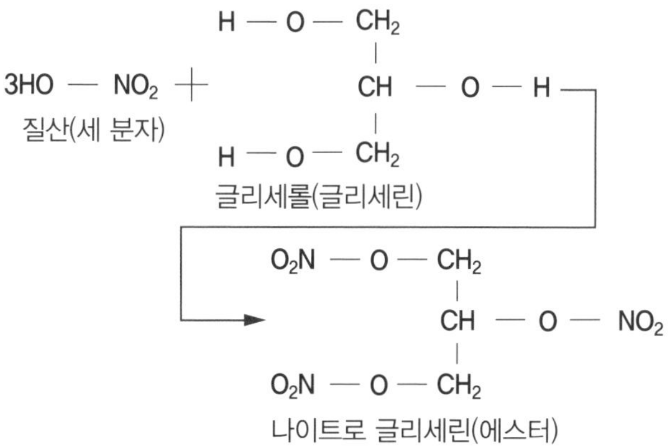

이것은 **진한 질산** 이에요.
진한 질산이 손에 묻으면 노랗게 되는 것을
크산토프로테인 반응 이라고 해요.
똑
자! 조금만 줄게요.
네.
어!? 손이 녹나 봐요!!
어떡해
바로 물에 씻으면 괜찮아.
손이 아직도 노란데요…
따라 하면 절대 안 돼! (주의[100]).

5-14 짝지음 반응(커플링 반응)이란 무엇일까? – 아민과 다이아조 화합물

질소(N)의 가장 간단한 화합물은 암모니아(NH_3)인데 암모니아의 H를 지방족이나 방향족의 치환기로 바꾼 것이 **아민**이에요. 아민류는 생물에는 좋지 않은 물질로 암모니아처럼 대부분 독성이 있어요. 하지만 약이나 염료의 합성 원료로 빼놓을 수 없는 것도 있어요.

아미노기($-NH_2$)를 직접 탄소 골격에 넣는 것은 어렵기 때문에 보통은 나이트로 화합물을 얻고 나서, 나이트로기($-NO_2$)를 주석과 염산 HCl 등 적절한 환원제로 환원하여 아미노기($-NH_2$)로 변환해요(**그림 5-14-1**). 나이트로 화합물을 환원하면 나이트로기($-NO_2$)를 아미노기($-NH_2$)로 바꿀 수 있기 때문에 아민을 얻을 수 있어요.

그림 5-14-2에 나타낸 것처럼 아닐린이나 설파닐산과 같은 방향족 아민 $Ar-NH_2$에 아질산염 $NaNO_2$을 반응시키면 다이아조늄염이라는 $Ar-N^+\equiv NCl^-$ 삼중 결합의 이온 성질이 생겨요. 방향족은 꽤 안정되어 있어서 다른 벤젠 고리나 나프탈렌 고리를 갖는 화합물과 **짝지음 반응**이 가능해요.

짝지음 반응이란 예를 들면 '벤젠 고리=Ar'이라고 했을 때 $Ar-N=N-Ar$을 만드는 반응을 말해요. **그림 5-14-2**에 지시약으로 널리 사용되는 메틸 오렌지의 합성을 예로 들었어요. 얻어진 다이아조 짝지음 반응 생성물로는 2개의 벤젠 고리 사이를 아조기 $-N=N-$가 다리를 놓은 모양의 구조가 있어요(**그림 5-14-3**). 이러한 다리 구조는 벤젠 고리의 전자를 통과시키는 작용을 하기 때문에 분자를 안정시키고 가시광선의 에너지를 흡수하게 해요. 그 결과 대다수의 다이아조 짝지음 반응 생성물은 유색의 화합물이 돼요.

그림 5-14-1 아미노기 $-NH_2$로의 변환

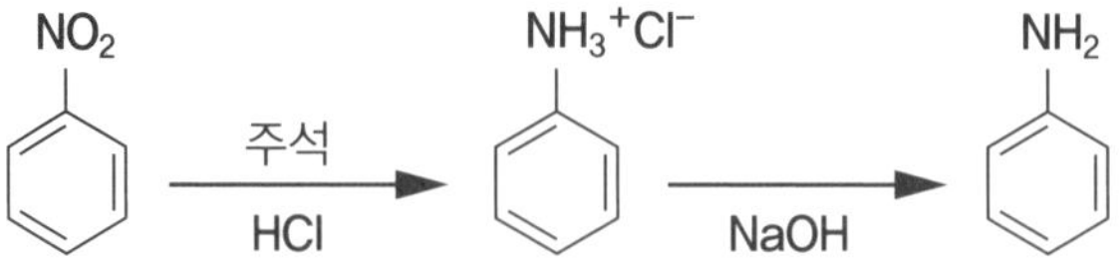

그림 5-14-2 메틸 오렌지의 합성 예

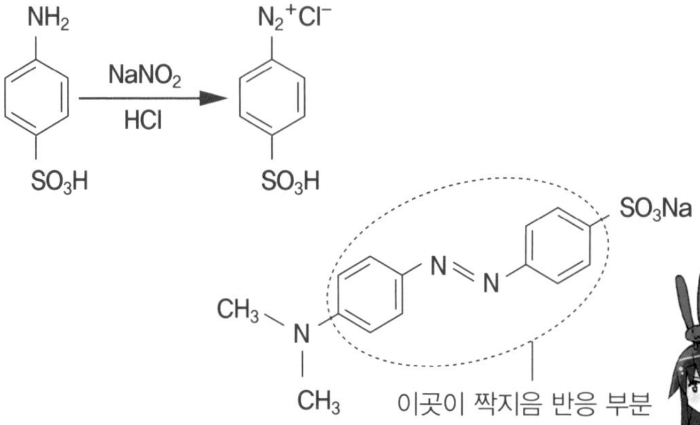

그림 5-14-3 N=N 다리 역할

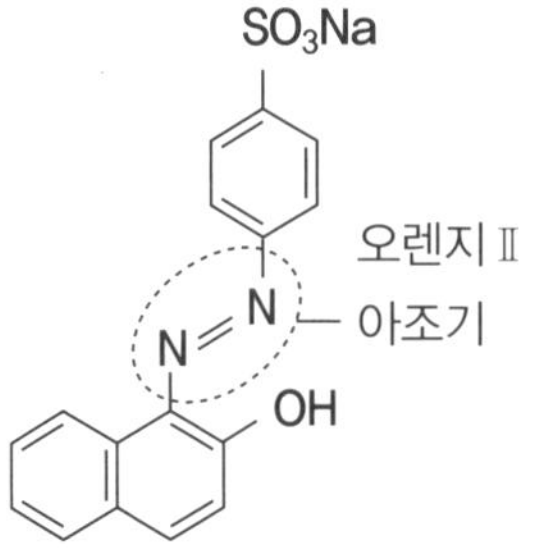

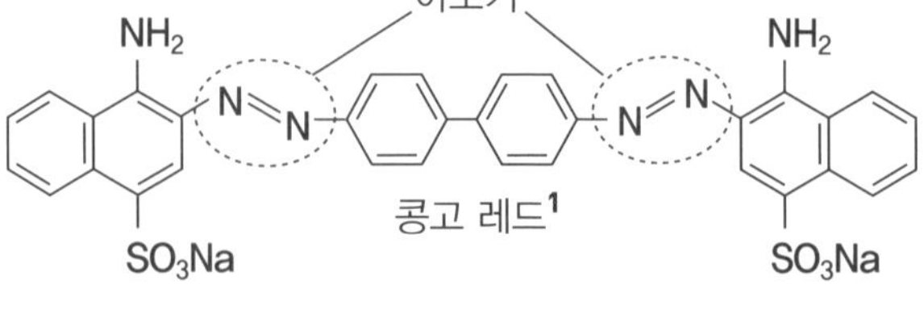

1 역자 주: 붉은 빛의 아조(azo) 물감의 일종. 알칼리 용액에서 붉은 빛, 산성 용액에서 푸른 빛을 띠므로 지시약으로 쓴다.

5-15 영양 보조 식품이란 무엇일까? – 아미노산

아미노산은 이름 그대로 분자 속에 아미노기 NH_2와 카복실산 COOH기(카복실기)를 갖는 화합물로 아민의 일종인 카복실산이에요. 5–06에서 설명한 것처럼 일반적으로 아미노산(α–아미노산)에는 **광학 이성질체**가 있어요(**그림 5–15–1**).

또 아미노산은 물에 잘 녹으며 용액 상태에서는 스스로 아민 부분과 카복실산 부분이 서로 중화한 형태로 되어 있어요. 이것을 **분자 내염**이라고 하며, 카복실산의 유기 암모늄염을 말해요.

어떤 아미노산의 COOH기와 또 한 분자의 아미노산의 NH_2기 사이에서 물이 제거되면 탈수축합 반응이 일어나요. 이때 분자의 끝에는 아직 반응하지 않은 COOH기가 있어서 다른 아미노산을 연결할 수 있어요. 이런 식으로 길게 연결된 것이 **단백질**이에요.

카복실산과 아민 사이에서 물이 빠지고 축합한 화합물을 아마이드라고 하므로 이음매가 된 –CO–NH– 결합을 **아마이드 결합**이라고 해요. 아마이드 결합은 **펩타이드(펩티드) 결합**이라고 불릴 때도 많아요.

흥미롭게도 동물의 몸을 이루고 있는 단백질은 모두 L[2]–아미노산만을 원료로 탈수축합 반응한 것이에요. 우리 몸이 알아서 열심히 아미노산의 D형과 L형을 구별하여 **L–형 아미노산만을 재료로 단백질 사슬을 만들고 있기 때문**에 가능해요.

예를 들면 우리는 L–형 아미노산만 맛있다고 느끼기 때문에 화학 조미료로 L–글루타민산이라는 아미노산 소듐염을 쓰고 있어요. D–글루타민산은 아무런 맛도 없어요.

---

2 오른손과 왼손 관계에 있는 화합물 한쪽을 'D–', 다른 한쪽을 'L–'이라고 한다.

단백질을 만드는 20종류의 아미노산 중에서 발린, 류신(루신, 로이신), 이소류신(이소로이신), 트레오닌, 메티오닌, 페닐알라닌, 트립토판, 리신의 8종류를 필수 아미노산이라고 하며 식물을 통해서 섭취하고 있어요. 하지만 그 외 아미노산은 그림 5-15-2와 같이 전이 효소로 변환 가능해요.

그림 5-15-1 아미노산의 구조

L-아미노산과 D-아미노산은 광학 이성질체

그림 5-15-2 전이 효소로 아미노산은 변환된다

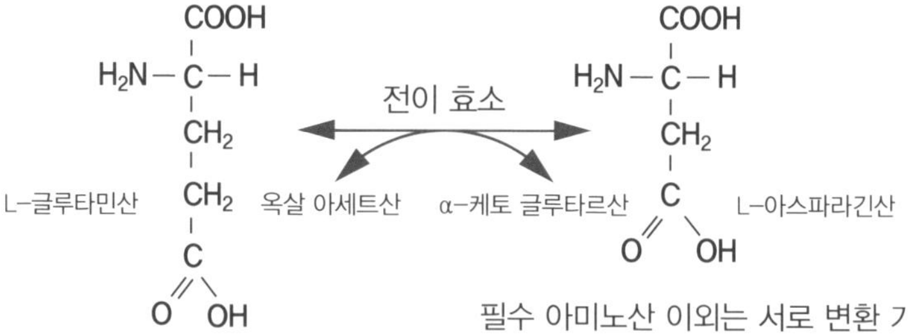

필수 아미노산 이외는 서로 변환 가능

Column

인체와 독가스에는 공통점이 있다?
– 양쪽 모두 황과 인의 유기 화합물을 가지고 있다

5–10에서 ABS 세제나(곧은 사슬형) 도데실 황산염 세제를 소개했어요(그림 A). 이들은 황을 포함한 유기 화합물인데, 실은 우리 몸과 관련된 중요한 물질에도 황의 유기 화합물이나 인의 유기 화합물이 있어요.

우선 –SH기로서 황을 포함한 아미노산으로 시스테인이 있어요. 아미노산은 앞에서도 설명했듯이 몸속에 있는 단백질의 일부예요. –S–S– 결합이 일어나서 다리가 놓인 상태가 완성돼요(그림 B). 이것은 효소나 그 외 단백질이 작용하는 상대(기질)를 선택적으로 구분하는 데 있어서 매우 중요한 결합이에요.

인의 대부분은 인산 칼슘으로 뼈에 존재해요. 인지질이라는 지질 형태로 세포막을 만드는데 불가결한 성분이기도 해요.

인지질은 유지의 지방산 1개가 인산으로 치환된 것으로, 1분자 안에 인산 에스터(친수성)와 긴 사슬 카복실산 에스터(소수성, 친유성) 양쪽이 공존하는 형태예요. 인산 에스터에는 코린이라는 저분자량의 친수기도 결합하고 있어서, 물속에서 샌드위치 구조(층상 미셀: 세포막의 기본 구조)를 만들어요(그림 C). 인산 에스터는 또 DNA 이중 나선 구조를 만드는 기본 단위이기도 해요.

하지만 인이나 황은 독가스의 성분이기도 해요. 예를 들면 사린($C_4H_{10}O_2FP$, 신경가스)은 인을 포함하고 있으며 머스터드 가스($(ClCH_2CH_2)_2S$, 미란성[3] 가스)는 황을 포함하고 있어요(그림 D).

[3] 역자 주: 썩거나 헐어서 문드러짐

Column

그림 A 황을 포함한 유기 화합물

ABS 세제 (곧은 사슬형) 도데실(Dodecyl) 황산염 세제

그림 B 단백질의 다리 결합 구조

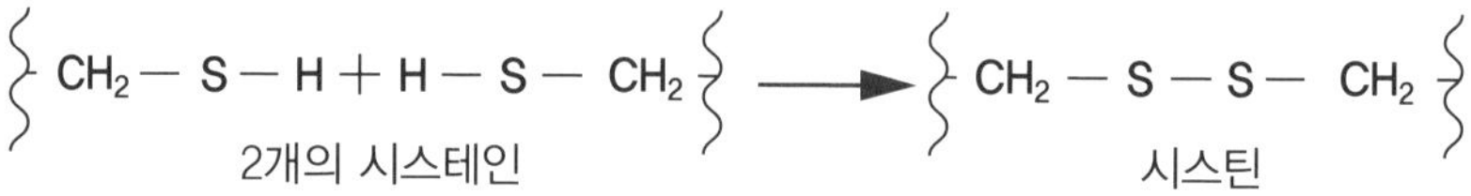

2개의 시스테인 시스틴

그림 C 세포막을 만드는 인지질

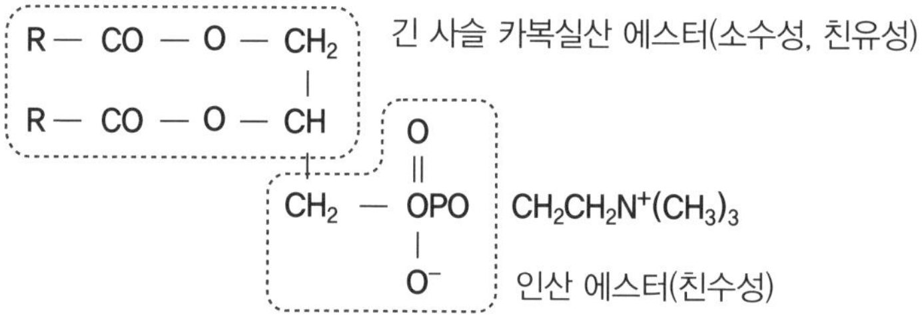

그림 D 인이나 황을 포함한 독가스

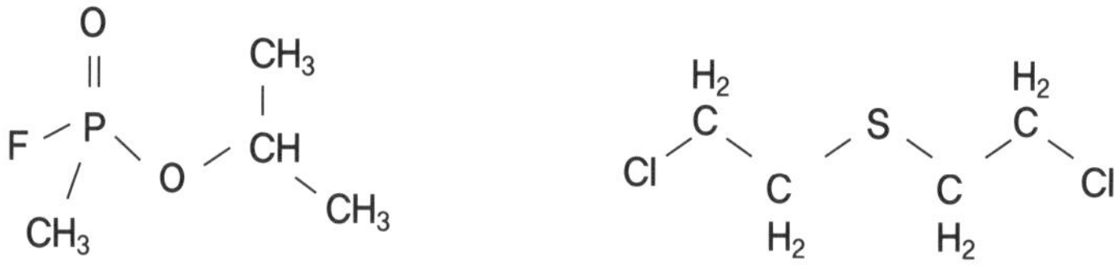

사린 머스터드 가스

6

장

고분자 화합물이란 무엇일까?

고분자 화합물이란 많은 분자가 연결되어 있는 화합물을 말해요. 단백질, 플라스틱 등은 대표적인 고분자 화합물이에요. 제6장에서는 고분자 화합물을 만드는 방법과 대표적인 고분자 화합물의 특징에 대해서 설명해 볼게요.

6-01 폴리머의 폴리란 무엇일까? – 천연 고분자 화합물과 합성 고분자 화합물

고분자 화합물은 영어로 **폴리머**라고 해요. 플라스틱 용기 제조에 사용되는 폴리에틸렌의 폴리와 같은 말로 영어로 '많은', '복합'이라는 의미예요.

예를 들어 여러 장의 종이를 간단히 묶어 주는 클립을 한 개의 분자라고 해볼게요. 클립 하나에 다른 클립을 끼우는 식으로 연결이 가능한데요. 계속해서 연결해가면 클립 사슬을 만들 수 있어요. 클립에 비유한 분자 사슬이 몇 천, 몇 만 아니 더 많이 연결될 때 바로 폴리머가 만들어져요.

한 개 한 개의 분자는 작지만 몇 만개나 연결되기 때문에 폴리머는 전체로 보았을 때 어마어마하게 큰 분자예요. 분자량으로 보면 수 만에서 수 백만 정도의 크기가 돼요.

그렇다면 탄소의 홑원소 물질인 다이아몬드나 동소체인 그라파이트(흑연)는 어떠할까요? 다이아몬드는 얼음 구조처럼 입체적이며, 그라파이트는 벤젠 고리를 옆으로 나열한 것처럼 평면적이에요. 둘 다 많은 수의 탄소 원자가 서로 결합한 거대 분자 결정을 이루고 있어요.

하지만 다이아몬드를 아무리 작게 분해하더라도 클립 한 개에 비유될 기본 분자는 없고, 결국 탄소 원자 한 개 한 개로 나뉘어져 버려요. 여기서 다루는 고분자 화합물은 이러한 물질이 아니라 **기본이 되는 한 개의 분자가 여러 개로 연결되어서, 길고 분자량이 큰 사슬 형태 또는 그물망 형태의 구조를 이루는 화합물**을 말해요.

천연 고분자 화합물에는 단백질, 당질(탄수화물), 셀룰로오스가 있으며 합성 고분자 화합물에는 각종 합성 섬유, 합성 수지(플라스틱), 합성 고무 등이 있어요.

폴리머가 뭐예요?
고분자 화합물을 말해요.
예를 들면 단백질은 천연 고분자 화합물이며 대표적으로 치즈가 있어요.
슬라이스 치즈
플라스틱은 화학적으로 합성한 고분자 화합물이에요. 흔한 예로 샴푸 용기가 있어요.
샴푸
고분자란 말이 좀 어려워요.
'굉장히 많은 분자들이 연결되어 있다'고 생각하면 쉬울 거예요. 분자 인형들을 떠올려 보아요.
분자인형들이 연결되어 있다?
이런 느낌인가……? 오~ 왠지…
뭘 상상하는 거지?
ㅠ.ㅠ

6-02 올리고당은 무슨 당일까? – 모노머와 폴리머

클립 한 개 한 개처럼 기본이 되는 분자를 **모노머**(**단위체**)라고 하고, 모노머가 2개 연결된 것을 **다이머**(**이합체**), 그보다 조금 길게 8개 정도까지 연결된 것을 **올리고머**(**소중합체**)라고 해요(**그림 6-2-1**). 예를 들면 탄수화물의 경우 글루코스(포도당)는 모노머(**그림 6-2-2**)이고, 수크로스(자당)는 글루코스와 같은 부류(프룩토오스로 불리는 당)가 연결된 다이머(**그림 6-2-3**)예요. 그리고 최근에 이름이 알려진 올리고당은 여러 개의 당이 연결된 올리고머(**그림 6-2-4**)예요. 펩타이드(단백질과 같은 부류)와의 대응에 대해서는 다음 표를 참고해 주세요(**표**).

기본 분자는 모노머 1개이고, 2개가 연결되면 다이머예요.
8개 정도까지 연결된 것을 올리고머라고 해요.
그 이상 연결되면 폴리머(중합체)가 돼요.

그림 6-2-1 모노머 수로 이름이 변한다

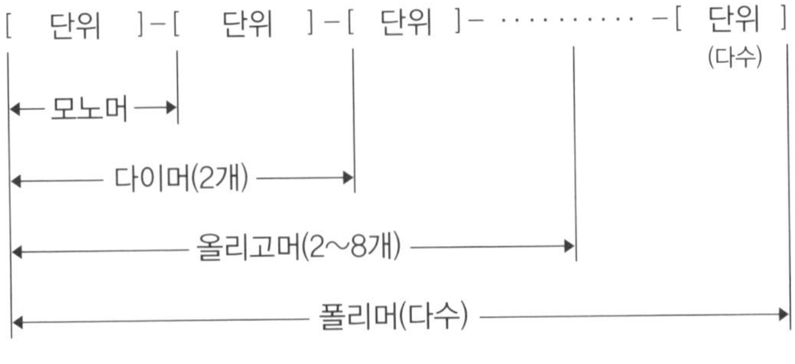
[단위]–[단위]–[단위]– ·········· –[단위]
(다수)
모노머
다이머(2개)
올리고머(2~8개)
폴리머(다수)

그림 6-2-2

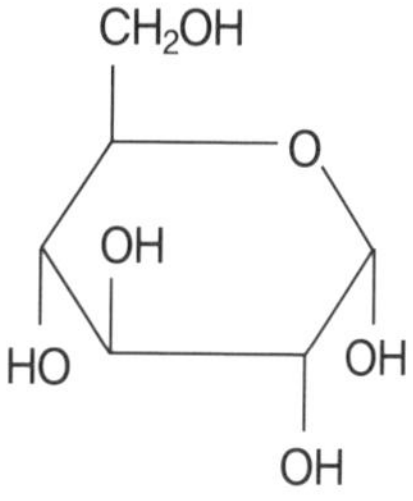

글루코스(포도당)의
구조식. 단당류이다.

그림 6-2-3

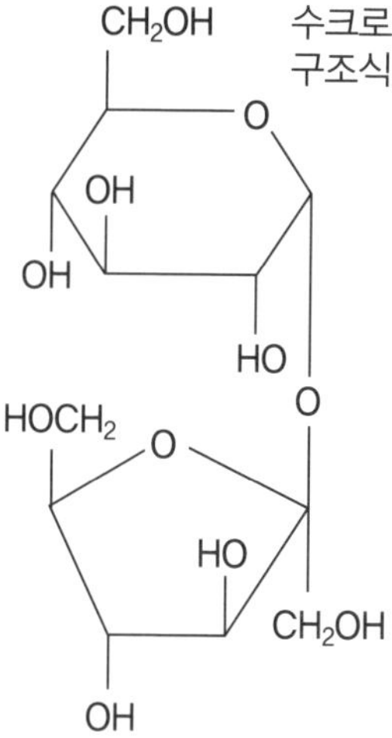

수크로스(자당)의
구조식. 이당류이다.

그림 6-2-4

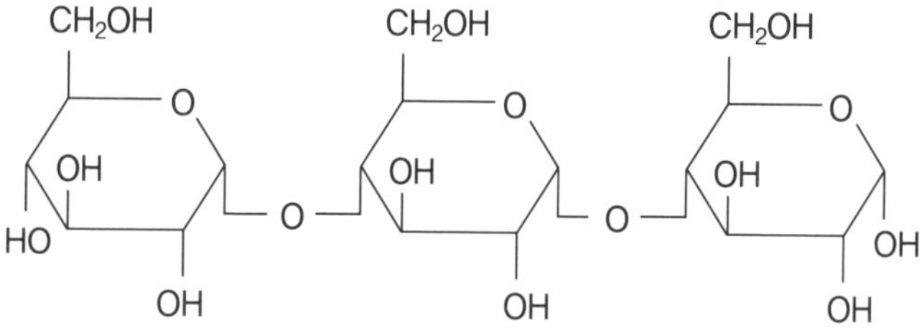

올리고당의 구조식

표 모노머 및 폴리마를 다르게 말하면?

일반 명칭	탄수화물	펩타이드
모노머	단당류(예: 글루코스)	아미노산
다이머	이당류(예: 수크로스)	다이펩타이드
올리고머	올리고당	올리고펩타이드
폴리머	다당류(예: 전분)	폴리펩타이드

6-03 고분자는 어떻게 만들어질까? 1 – 첨가 중합

모노머를 계속 연결하여 폴리머가 되는 것을 **중합**이라고 해요. 알켄(5–03 참조)의 대다수는 중합에 편리한 모노머가 돼요. 적당한 **촉매**가 있을 때 알켄의 이중 결합 중의 한 개가 깨지면서 가까이 있는 알켄 분자 사이에 새로운 결합을 만들어요. 그러면 또 이중 결합이 깨지면서 다음 알켄 분자에 결합선을 뻗는 과정이 반복돼요. 다음 그림처럼 주위의 알켄 분자 CH_2에 계속해서 첨가 반응이 일어나요. 이렇게 사슬로 이어지는 반응을 **첨가 결합**[1]이라고 해요.

$$CH_2{=}CH_2 \quad \rightarrow \quad CH_2{=}CH_2 \quad \rightarrow \quad (CH_2{=}CH_2)_n$$

이러한 형태의 중합에서는 2개, 3개, 4개, …… 와 같이 연결되면서 분자량도 2배, 3배, 4배, ……로 정수배로 증가해요.

알켄끼리 반응시키기 위해서는 산이나 염기, 과산화물, 전이 금속 등의 적당한 촉매가 필요해요. 촉매가 알켄 분자를 공격하면 알켄의 이중 결합 중에서 한 개(π 결합)가 깨지고 주위의 알켄 분자 사이에 새로운 결합을 만들 수 있어요. 이와 같은 결합과 깨짐의 반복된 과정을 **연쇄 반응**이라고 해요.

알켄이 있는 한 계속해서 주변의 알켄 분자에 첨가 반응이 일어나고, 연속적으로 결합을 형성해 가면서 사슬 형태로 이어져요. 이것을 **첨가(라디칼radical) 중합**이라고 해요. 한 예로 유기 과산화물에 의한 에틸렌의 첨가 중합 반응을 **만화 속 그림**에 표시했어요.

---

1 평소에 많이 사용하는 플라스틱에는 염화 비닐, 스티로폼을 비롯해서 이러한 중합으로 생긴 제품을 많이 볼 수 있다.

하지만 천연 고분자 화합물에서는 첨가 중합에 의한 것을 거의 볼 수 없어요. 6-04의 **축합 중합**에서 자세히 살펴볼게요.

모노머(분자)가 계속해서 연결되어 폴리머(고분자)가 되는 것을 **중합**이라고 해요. 그중에서도 알켄 분자는 중합하기 쉬운 모노머예요.
알켄 분자
어떻게 연결되죠?
저도 궁금해요.
산이나 염기와 같은 촉매가 알켄 분자를 공격하면 이중 결합의 한 개가 깨져서 가까이 있는 알켄 분자와 연결되는 거예요.
이것을 **첨가 중합**이라고 하고, 반복되면 **연쇄 반응**이 돼요.
오른쪽 그림은 에틸렌이 첨가 중합해서 폴리에틸렌을 생성하는 반응이에요.
에틸렌의 라디칼 중합에 의한 폴리에틸렌의 생성
시작!
R·
몇 천, 몇 만 번 계속된다…
※ 위 그림의 '• •'은 이중 결합 '=' 중에서 한 개를 루이스 전자 점식으로 명시적으로 나타낸 것이다. 점 2개 '• •'가 결합선 '—'로 대응한다.

6-04 고분자는 어떻게 만들어질까? 2 – 축합 중합

합성 섬유인 나일론은 카복실산의 일종인 '아디프산'과 '헥사메틸렌다이아민'이라는 아민에서 얻어지는데 중합 방법이 알켄의 경우와 크게 달라요. 카복실산과 아민을 섞어서 가압하여 열을 가하면 **탈수축합 반응**을 일으켜요. 헥사메틸렌다이아민은 양쪽에 NH_2기를 가지며 아디프산은 양쪽에 COOH기를 갖기 때문에, 두 개의 **작용기** 사이에서 탈수축합 반응이 반복해서 일어나요. 그 결과 고분자로 성장해가고 사슬이 연장돼요(그림 6-4-1).

이처럼 **축합 반응이 몇 차례나 반복되면서 폴리머가 생기는 중합 반응**을 **축합 중합**이라고 해요.

또 하나의 예를 들어볼게요. 에탄올에 또 하나의 OH기가 붙은 화합물로 1,2-에테인다이올(에틸렌글리콜)이 있어요. 자동차의 부동액으로 널리 사용되는 물질이에요. 1,2-에테인다이올을 탈수축합 반응 양식으로 에터화하면 우선 두 분자의 1,2-에테인다이올에서 물이 빠지고 에터가 생겨요[2]. 생성된 에터 다이머의 분자 말단에는 아직 OH기가 남아 있어서 이 OH기가 다른 1,2-에테인다이올의 OH기와 반응하여, 다시 물 분자가 빠지고 연결하는 반응이 일어나요. 말하자면 이미 연결된 2개의 클립에 3개째의 클립을 연결하는 것이에요.

이렇게 차례대로 반복해가면 폴리머가 생겨요(그림 6-4-2). 에틸렌글리콜의 폴리머이기 때문에 폴리에틸렌글리콜이라고 해요. 이처럼 OH기를 2개 이상 갖는 모노머 분자(단당류)는 양쪽에서 탈수축합 반응

2 에탄올을 황산과 함께 서서히 열을 가하면 두 분자의 에탄올에서 물이 빠져서 다이에틸에터가 생긴다. 이처럼 OH기를 갖는 화합물 알코올은 두 분자 사이에서 물을 잃고 결합하면 에터가 되는 성질이 있다.

이 일어나기 때문에 폴리머가 돼요. 클립 2개의 이음매가 에터 결합의 폴리머가 되는 거예요.

탈수축합이 반복되어 폴리머가 생기는 중합 반응을 **축합 중합**이라고 해요.
축합 중합
근데……
물이 분리되었다고 해서 항상 중합하는 것은 아니죠?
좋은 질문이야!
맞아, 폴리머가 될 수 있는 것은 OH기를 2개 이상 갖는 모노머예요.
H2O가 빠진다.
그림 6-4-1
그림 6-4-2
OH기가 2개 이상 있으면 **양쪽에서 탈수축합이 생기기 때문**이에요.
말도 안 돼!
진짜!
아~
헉!
미소가 제대로 이해했다니!
내일은 해가 서쪽에서 뜨겠다!
헉
조용히 사라져 줘~

6-05 양은 어떻게 종이를 먹을 수 있을까? - 당질 1

글루코스로부터 전분의 주성분인 **아밀로스**가 생기는 경우(그림 6-5-1)와 종이 등의 섬유인 **셀룰로오스**(그림 6-5-2)가 생기는 경우가 있어요. 양쪽 모두 폴리머이며 당류의 폴리머이기 때문에 **다당류**라고 해요. 다른 점은 에터 결합을 하고 있는 이음매인 OH기 방향뿐이에요.

사람의 몸은 전분은 소화할 수 있지만 셀룰로오스는 소화할 수 없어요. 왜냐하면 전분의 아밀로스의 이음매를 끊는 소화 효소는 가지고 있지만, 이 소화 효소를 가지고는 이음매의 방향이 다른 셀룰로오스를 분해할 수 없기 때문이에요.

그런데 양이나 산양 등의 초식 동물은 위 안에 셀룰라아제 효소를 가지고 있어서 셀룰로오스의 결합도 끊어 버려요. 그래서 초식 동물은 식물의 잎이나 줄기를 먹어도 영양분으로 이용할 수 있는 거예요.

전분을 이용한 잘 알려진 검출 반응이 있어요. 아이오딘-아이오딘화 포타슘 수용액을 감자를 자른 단면에 떨어뜨렸을 때 청자색으로 변하는 **아이오딘 전분 반응**이에요.

전분의 성분인 아밀로스는 **그림 6-5-3**과 같이 나선 형태로 이루어져 있어요. 거기에 아이오딘을 가해주면 나선 중심으로 아이오딘 분자가 들어가요. 아이오딘 분자는 나선 구조의 터널에 딱 맞는 크기이므로 안정된 조합이 되는 거예요.

이처럼 공간을 제공하는 분자가 다른 분자 등을 흡수하는 것을 **내포**라고 하며 전체를 **내포 화합물**[3]이라고 해요.

---

[3] 역자 주: 클라스레이트 화합물(clathrate compound).

그림 6-5-1 아밀로스의 구조식

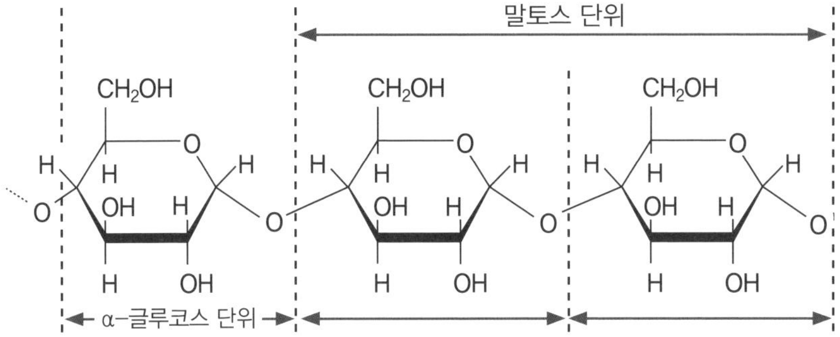

그림 6-5-2 셀룰로오스의 모식도

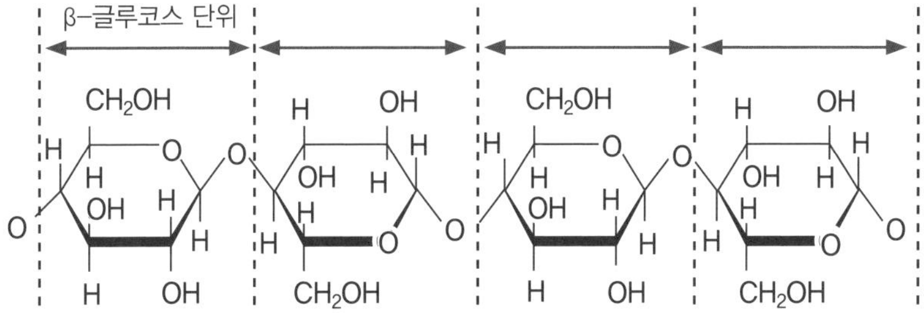

그림 6-5-3 아밀로스의 터널

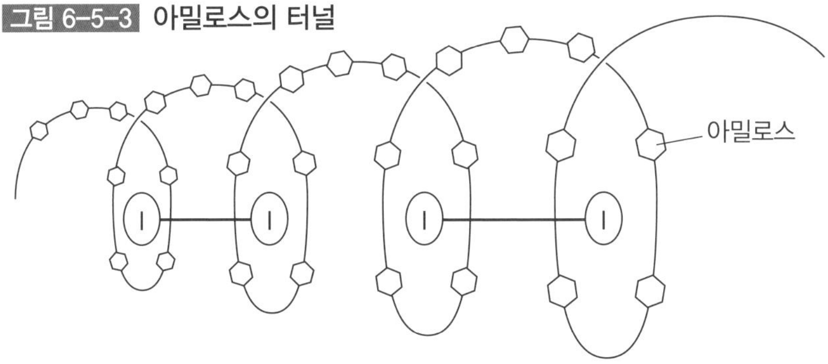

나선 형태가 된 아밀로스의 터널 공간에 아이오딘 분자가 채워진다.

깜토야!
소문 들
었어. 미소
를 좋아
한다며?
뭐!
누가
그런
말을 해?
진짜구나! 이
번 참에 큰 맘
먹고 고백해!
맞다! 깜토는
큰맘은 못 먹지.
풀만 먹는 초
식성이지!
탁
셀룰로오스
분해 효소가
있는 너의 별명
은 셀룰로오
스짱이다!
탁
뭐라고?
셀…짱!
맞아.
토끼는
모두 셀룰로오스
분해 효소를 갖고
있어. 흰토도
마찬가지야.
진짜요!?
나도 초식성
이라고
요?
ㅠ

6-06 당은 왜 달까? - 당질 2

당의 가장 큰 특징은 '단맛'에 있어요. 유기 화합물 중에서 알코올과 마찬가지로 OH기(하이드록시기)를 가지고 있으며, OH기의 숫자가 많아질수록 우리 입맛에 단맛으로 느껴져요. 당에는 OH기가 많이 있어서(예를 들면 포도당에는 5개) 다가 알코올과 같은 부류라고 해요.

글루코스(포도당)의 고리 모양의 구조에는 **그림 6-6-1**처럼 **α-형태**와 **β-형태**가 있어요. 이 중에서 α-글루코스의 경우는 오른쪽 아래의 OH기 2개가 아래쪽에 나란히 위치한 **시스형**인데 반해서, β-글루코스는 반대쪽에 위치한 **트랜스형**이에요. 입체구조로 보면 반대쪽에 위치한 트랜스형이 안정된 형이라고 할 수 있어요.

어떤 형태의 글루코스라도 물에 녹인 상태에서는 상호 변화하여 시간이 지나면 혼합물(평형 혼합물)이 돼요. 그 비율은 보다 안정적인 β-형이 3분의 2, 다음으로 안정적인 α-형이 3분의 1로 사슬형의 구조는 극히 적어요.

단당류끼리의 결합은 고리 모양 구조일 때 일어나요. 글루코스의 OH기와 또 하나의 글루코스 OH기 사이에서 물 분자를 잃고 결합하면, 앞에서 설명했듯이 **에테 결합**이 생겨요. 특히 당류의 에테 결합을 **글리코사이드 결합**이라고도 해요.

생성된 에테 구조의 물질은 고리 모양의 글루코스가 2개 결합되어 있는 다이머(이당류)예요. 말토오스(맥아당)라고도 해요(**그림 6-6-2**). 효소에 의해서 전분이 소화될 때도 먼저 말토오스로 분해돼요.

이처럼 이당류에는 수크로스(과당)나 모유에 포함된 락토스(유당) 등이 있어요(**그림 6-6-3**, **그림 6-6-4**).

수크로스는 글루코스(육원자 고리)와 프룩토오스(과당, 오원자 고리)

의 다이머, 락토스는 글루코스와 갈락토스(육원자 고리)의 다이머예요.

그림 6-6-1 α-글루코스 ↔ 사슬형 구조 ↔ β-글루코스

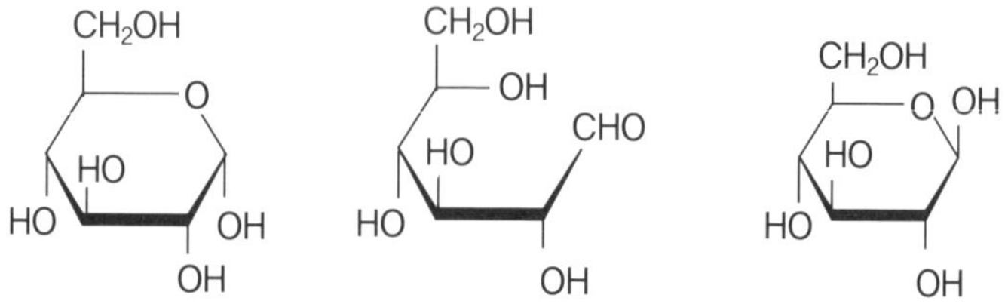

그림 6-6-2
간략화한 말토오스(맥아당, β형)의 구조식

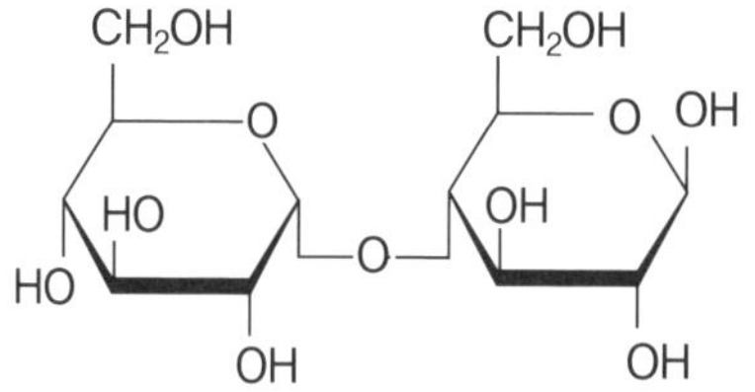

그림 6-6-3
간략화한 수크로스의 구조식

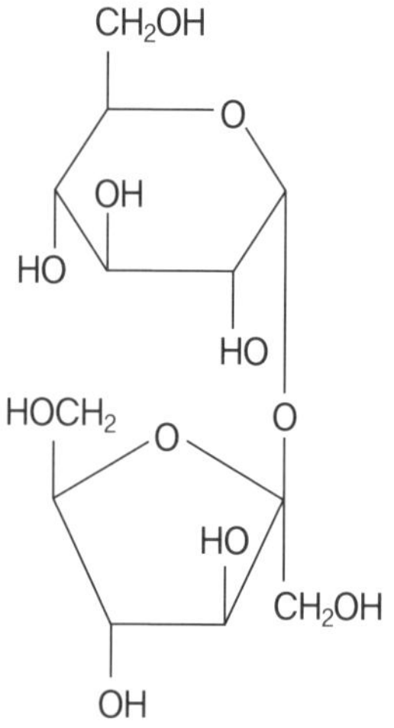

그림 6-6-4
간략화한 락토스(유당, β형)의 구조식

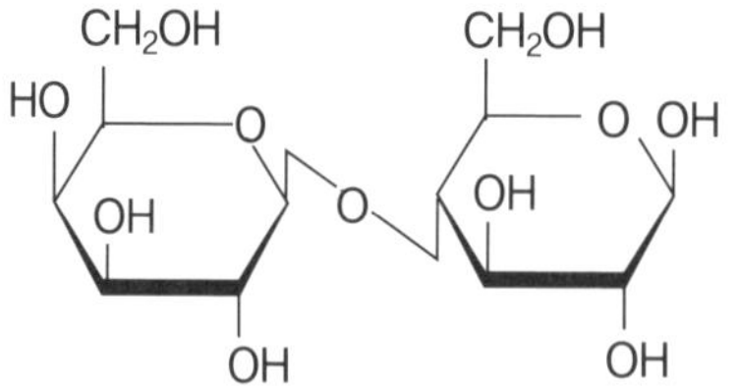

6-07 단백질은 어떻게 만들어질까? – 아미노산과 단백질 1

당은 분자의 양쪽에 있는 2개의 OH기를 사용해서 탈수축합 반응하여, 에터 결합이 이음매의 폴리머가 되는 부류였어요. 아미노산은 이름에서 알 수 있듯이 분자 안에 아미노기(NH_2)와 카복실산(COOH) 그룹(카복실기)을 갖는 화합물로 아민의 일종인 카복실산이에요.

우리 몸속에는 하나의 아미노산 COOH기와 또 다른 분자의 아미노산 NH_2기 사이에서 물이 빠지는 탈수축합 반응이 일어나요. 이때 분자의 끝에는 아직 반응하지 않은 COOH기가 있기 때문에 또 다른 아미노산을 연결할 수 있어요. 이렇게 반복해 가면 아미노산의 폴리머가 생겨요. 바로 **단백질**(효소도 단백질)이에요(**그림 6-7-1**).

일반적으로 카복실산과 아민 사이에서 물이 빠지고 축합한 화합물을 아마이드라고 하며 이음매를 이루는 –CO–NH–결합을 아마이드 결합이라고 하는데, 특히 단백질의 경우는 **펩타이드 결합**이라고 불리는 경우도 많아요. 몇 개의 아미노산이 연결된 올리고머는 **올리고펩타이드**, 고분자의 단백질이 된 것은 **폴리펩타이드**예요.

효소나 그 외 단백질의 성질이나 기능을 지배하는 가장 중요한 요소는 이 아미노산의 배열 순서(**아미노산 배열**)예요. 단백질의 일차 구조라고도 해요. 때문에 단백질의 구조를 명확히 하기 위해서 사슬 형태로 연결되는 아미노산의 배열 순서를 차례대로 확정하고 있어요. 1955년에 호르몬의 일종인 인슐린 아미노산 배열이 처음으로 정해진 이래 이미 수 천 종류의 단백질에 대해서 아미노산의 배열이 확정되었어요.

최근에는 고도의 자동 분석기기(PCR법) 덕택에 이러한 작업이 손쉬워졌어요. 단백질은 실제로는 입체 구조를 띠고 있어요(그림 6-7-2 및 다음 6-08 참조)

그림 6-7-1 단백질은 아미노산의 폴리머

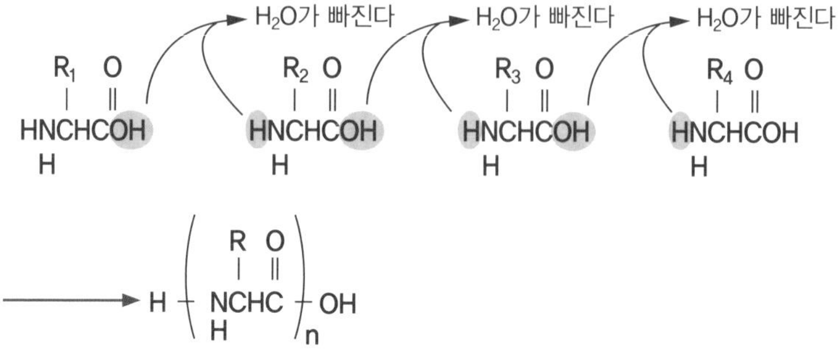

그림 6-7-2 단백질의 α-나선 구조의 모식도

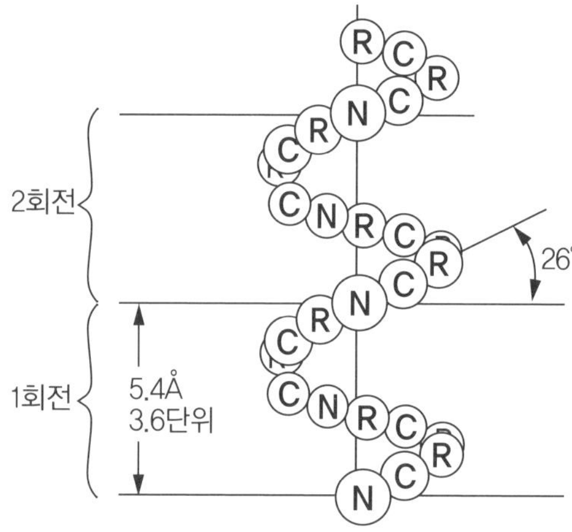

6-08 단백질은 어떻게 작용할까? – 아미노산과 단백질 2

단백질의 폴리펩타이드 사슬은 직선으로 배열되어 있지 않고, 대부분의 경우 **나선 형태**(α–**나선 구조**) 혹은 다른 형태를 띠고 있어요(**그림 6-7-2**). 특히 아미노산 중에 프롤린이나 시스틴은 폴리펩타이드 사슬의 입체적인 형태를 결정하는 작용을 해요. 프롤린의 부분에서 사슬은 꺾여 구부러지고, 시스틴의 SH기는 다른 부분의 시스틴 SH기와의 사이에서 **다리 결합**(–S–S–)을 이루며, 단백질의 형태를 입체적으로 띠고 있어요(2차 구조, 3차 구조라고 해요).

인슐린을 비롯하여 효소는 모두 단백질로 이루어져 있는데 각각의 단백질에는 이러한 특유의 3차원 구조 덕분에 작용할 상대(기질)를 판별할 수 있어요. 예를 들면 아밀라제는 전분에, 리파아제는 유지에 특정하게 작용해요.

머리카락에는 케라틴이라는 단단한 단백질이 많이 포함되어 있어요. 케라틴에는 시스틴이라는 아미노산 함량이 많아서 폴리펩타이드 사슬끼리 –S–S–결합으로 다리 결합을 하고 있다고 알려져 있어요. 이 때문에 물에 녹지 않으며 안정된 단백질로 동물 몸의 표면을 보호하는 각질 역할을 하고 있는 거예요.

일반적으로 파마머리 스타일은 시스틴 –S–S–결합을 끊고 그곳을 시스테인의 SH기로 바꾸는 화학 반응을 이용한 것이에요. 원하는 웨이브를 주어서 다시 –S–S– 다리 결합을 하면 웨이브가 고정되는 원리예요(**그림 6-8-1**).

단백질의 단백이란 원래 달걀 흰자를 말해요. 삶은 달걀처럼 단백질은 열을 가했을 때 단단해지며 식어도 다시 원상태로 돌아가지 않아요.

이것을 **열변성**이라고 해요. 또는 잘못하여 피부에 질산이 닿으면 곧 노랗게 변해 버려요(앞에서 설명한 **크산토프로테인 반응**). 일반적으로 단백질에 질산을 작용시키면 단백질 속의 페닐알라닌 등이 갖고 있는 벤젠 고리가 나이트로화되기 때문에 황색으로 변해요.

수용성의 펩타이드를 검출하기 위해서 **뷰렛 반응** 혹은 **닌히드린 반응**이 이용되고 있어요. 뷰렛 반응은 수산화 소듐 수용액으로 염기성을 만든 다음 소량의 황산 구리(Ⅱ) 수용액을 가해요. 용액 속의 펩타이드가 존재하면 Cu^{2+} 이온과 착물을 형성하고 적자색이 되는 반응이에요. 닌히드린 반응은 중성 수용액에 소량의 닌히드린을 가하여 끓였다가 식혀요. 단백질이나 아미노산이 존재하면 청자색에서 적자색으로 변색되는 것을 볼 수 있어요(**그림 6-8-2**).

그림 6-8-1 파마의 구조

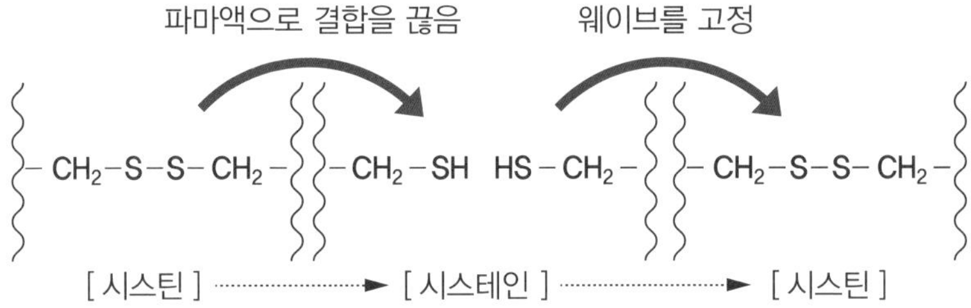

그림 6-8-2 닌히드린 반응

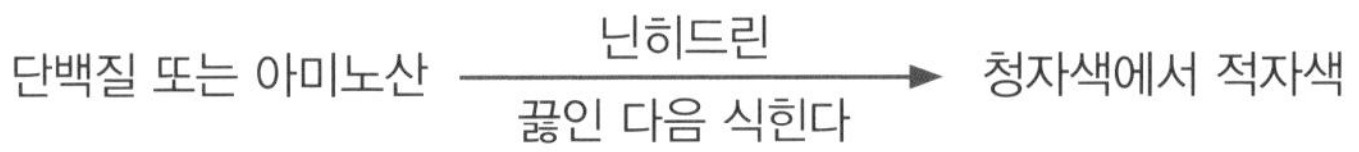

자, 그럼 어떻게 머리카락에 웨이브가 고정되는지 살펴볼게요.
헤어스타일을 예쁘게 해주는 파마는
화학 반응을 이용해서 모발의 단백질 구조를 변화시켜요.
우선 파마액으로 결합을 끊고 웨이브를 만들어 재고정해요.
파마액으로 결합을 끊는다
웨이브를 고정
(시스틴) → (시스테인) → (시스틴)
이렇게 하면 머리카락에 웨이브가 고정돼요.

6-09 고무는 어떻게 신축성이 있는가? – 비밀은 시스형의 이중 결합

고무에는 **천연고무**와 **합성 고무**가 있어요. 고무는 잡아 당기면 늘어나고 힘을 빼면 원래 상태로 돌아가요. 고무의 중요한 특징이지요. 플라스틱(plastic)은 '성형이 가능하다'는 어원처럼 물러진 상태에서 틀에 끼워 만들어요. 일단 굳어지면 성형한 후에도 형태가 유지돼요(가소성). 이에 비해서 고무의 탄력성은 영어로 일래스틱(elastic)이라고 하여 힘을 빼면 원래의 형태로 돌아가요. 플라스틱과 고무는 이렇게 대조적인 특징을 가지고 있어요.

천연고무는 고무나무에 흠집을 냈을 때 나오는 수액을 모아서 아세트산 등의 응고제를 가해서 만들어요. 기본 단위는 아이소프렌이라는 이중 결합이 2곳인 화합물로 그 중합체라고 할 수 있어요(**그림 6-9-1**).

중합 후에도 고무의 구조 중에는 **시스형의 이중 결합이 남아 있어서** 폴리에틸렌(보통의 첨가 중합)과는 다른데, **이 점이 바로 탄력성을 제공해요.** 생고무에도 약하지만 탄력성이 있는데 황을 가해서 이중 결합 부분에서 다리 결합시키면 탄력성이 증가해요. 하지만 계속 황을 가하면 오히려 탄력을 잃고 단단한 플라스틱 형태가 되어 버려요. 이것을 에보나이트라고 하며 전기 부품의 소재로도 이용돼요.

고무나무는 열대 식물이기 때문에 온난 지역에서만 자라요. 또 천연고무는 기름에 녹기 쉽고 한냉 지역에서는 단단해지는 결점이 있어요.

그래서 아이소프렌의 기본 골격인 1,3-부타디엔 혹은 염소가 치환한 클로로프렌 등의 모노머를 중합시켜서 각종 **합성 고무**를 개발하고 있어요(**그림 6-9-2**). 규소를 포함한 고무(실리콘 고무)도 실용화되고 있어요. 이와 같은 합성 고무 및 실리콘 고무는 기름, 추위, 열, 마모 등에 강해서 고기능성 고무로 이용도가 높아요.

그림 6-9-1 천연고무의 구조식

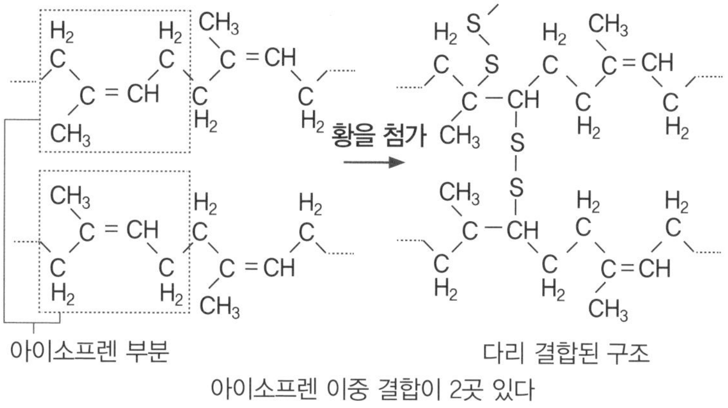

그림 6-9-2 다양한 합성 고무의 구조식

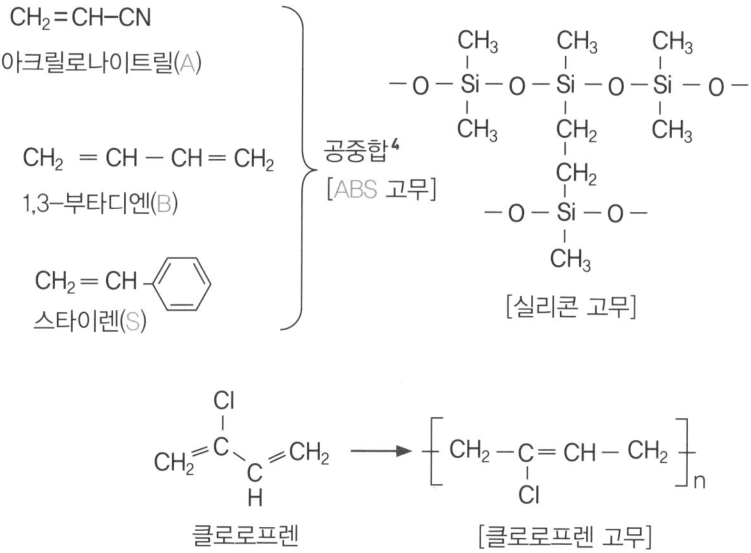

[4] 역자 주: 두 종류 이상의 모노머를 혼합, 중합하여 공중합체를 합성하는 반응.

6-10 폴리 비닐 봉지의 장점은 무엇일까? - 폴리염화비닐을 가소제로 연화시킨 것

알켄의 중합에 의해 만들어진 폴리머의 대부분은 내구성, 각종 화학 약품에 대한 내성, 탄력성, 투명성, 전기에 대한 절연성, 내열성 면에서 뛰어난 특성을 갖는 플라스틱이에요.

플라스틱 대야나 수도관 등의 성형품 외에도 합성 섬유, 필름, 도료, 의료용 재료 등에 폭넓게 사용되고 있어요. 폴리에틸렌, 테플론, 발포 스티롤(폴리스타이렌), 폴리염화비닐, 폴리염화비닐리덴 등의 명칭은 일상에서도 쉽게 듣는 말이에요.

다음 표에 알켄을 모노머로 하는 각종 폴리머의 구조와 용도를 나타냈어요. 우리가 자주 사용하는 제품이 알켄의 중합 반응에 의해서 만들어지는 것을 알 수 있어요.

폴리염화비닐은 단단한 고분자 화합물이지만 제조 과정에서 프탈산 에스터를 배합하면 **부드러운 폴리염화비닐 수지**를 만들 수 있어요. 이렇게 탄력성 있게 만들어진 것은 원예용 호스나 비닐, 인공 가죽 등에 사용돼요.

단단한 고분자 물질에 첨가하여 유연성과 가공성을 높이는 물질을 **가소제**라고 해요. 플라스틱이나 기타 제품에는 가소제 및 자외선 보호를 위해서 자외선 흡수제를 첨가하고 있어요.

공업용으로 많이 이용되는 플라스틱에 들어가는 첨가물은 프탈산 다이에틸헥실(프탈산 옥틸이라고도 함) 및 비스페놀 A 등이 있어요. 이것이 녹아서 우리 몸의 지방 조직에 축적되면 내분비를 교란시킬 우려가 있다는 보고도 있어요.

미세 플라스틱은 어류와 같은 수생 생물에 나쁜 영향을 미친다고 알려져 있어요. 포유류에 대한 영향도 점차로 밝혀지고 있어요.

표 알켄을 모노머로 하는 각종 폴리머의 구조와 용도

모노머	폴리머	명칭(영문 부호)	용도
$H_2C=CH_2$	$(-CH_2CH_2-)_n$	폴리에틸렌(PE)	용기, 봉지
$H_2C=\underset{Cl}{\underset{\mid}{CH}}$	$(-CH_2\underset{Cl}{\underset{\mid}{CH}}-)_n$	폴리염화비닐(PVC, V)	파이프, 호스
$H_2C=\underset{CH_3}{\underset{\mid}{CH}}$	$(-CH_2\underset{CH_3}{\underset{\mid}{CH}}-)_n$	폴리프로필렌(PP)	포장용기, 필름
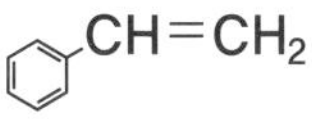	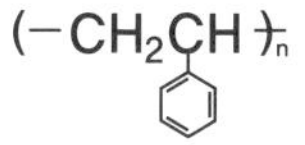	폴리스타이렌(PS)	발포 스티롤
$F_2C=CF_2$	$(-CF_2CF_2-)_n$	테플론	테플론 가공품
$H_2C=CCl_2$	$(-CH_2CCl_2-)_n$	폴리염화비닐리덴	식품 포장 랩
$H_2C=\underset{CN}{\underset{\mid}{CH}}$	$(-CH_2\underset{CN}{\underset{\mid}{CH}}-)_n$	폴리아크릴로나이트릴	아크릴 섬유
$CH_3COOCH=CH_2$	$(-CH_2\underset{CH_3COO}{\underset{\mid}{CH}}-)_n$	폴리아세트산비닐	접착제

6-11 나일론은 실크의 모방품일까? – 석탄과 물과 공기로 만들어진 합성 섬유

축합 중합으로 만들어진 섬유의 대표적인 예로 **나일론(폴리아마이드 섬유)**이 있어요. 실크는 누에고치에서 얻은 실로 짠 고급 천연 섬유지만 가격이 비싸요.

그래서 **인공적으로 몇 가지 펩타이드 결합을 연결해서 새로운 섬유를 만들려는 시도**를 해왔어요. 누에고치는 단백질의 일종(글리신 및 알라닌을 많이 포함)이기 때문에 펩타이드 결합으로 연결된 고분자 화합물이라고 할 수 있어요.

1935년에 미국의 월리스 캐러더스가 처음으로 발명에 성공했어요. 나일론은 헥사메틸렌다이아민 등의 다이아민과 아디프산 등의 다이카복실산에서 얻어진 **합성 섬유**예요(**그림 6–11–1**).

세계 최초의 합성 섬유인 나일론 덕분에 많은 사람들이 값싸고 질 좋은 옷을 입을 수 있게 되었어요. 나일론은 지금도 수요가 많아요. 섬유뿐만 아니라 각종 성형품, 합판, 필름, 튜브 등에 널리 사용되며 폴리아마이드계 합성 고분자 물질의 총칭으로 불려요.

나일론의 수요가 커지자 모노머 성분의 독창적이며 가격이 저렴한 합성법이 개발되었어요. 원료로 모노머의 일종인 헥사메틸렌다이아민은 원래 아디프산에서 변환된 것으로, 아디프산은 벤젠에서 합성한 것이에요. 때문에 나일론의 캐치프레이즈는 **석탄(벤젠)과 물과 공기**(O_2)**로 만들어진 합성 섬유**였어요. 이후 헥사메틸렌다이아민은 공정이 짧은 1,3–부타디엔을 이용한 합성 방법으로 새롭게 바뀌었어요.

분자 내에 이미 아마이드 결합을 갖는 모노머인 ε–카프로락탐에서 합성한 6–나일론도 등장했어요(**그림 6–11–2**).

다양한 방법들은 모두 경제성, 선택성, 폐기물 처리, 합성면에서 이

전의 방법들을 개선한 것이에요. 또 다이카복실산으로 방향족 카복실산을 사용해서 만든 아라마이드 섬유는 상당히 고강도의 섬유로 실용화되고 있어요(그림 6-11-3).

그림 6-11-1 나일론의 일반식

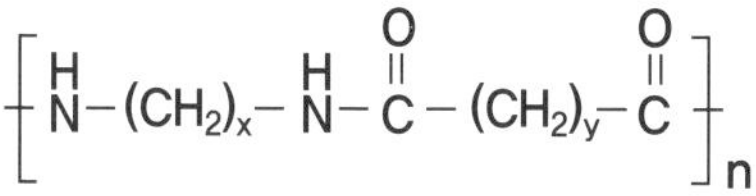

$x=6$, $y=4$가 나일론 66

그림 6-11-2 6-나일론

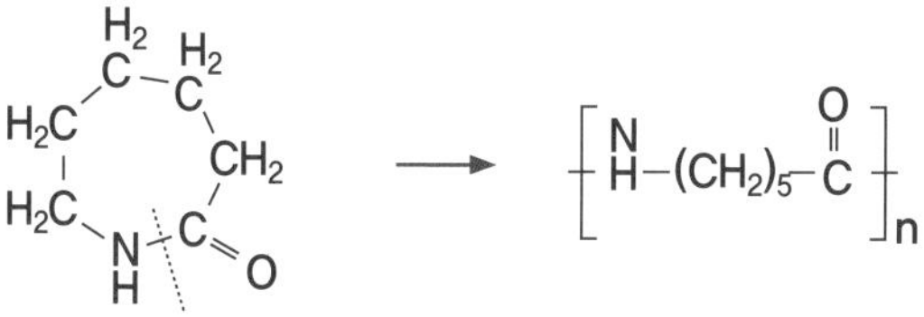

그림 6-11-3 아라마이드 섬유

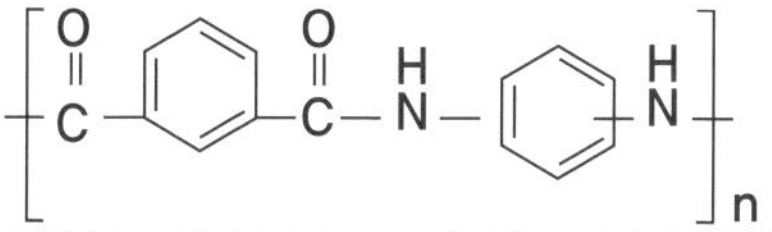

아이소프탈산 부분 *m*-페닐렌다이아민 부분

6-12 페트병으로 어떻게 의류(플리스[5])를 만들까? - 폴리에스터와 같은 부류

축합 중합으로 만들어진 합성 섬유로 **폴리에스터**가 있어요. 음료수 페트병의 **페트** 역시 기본적으로는 같은 부류에요. 에스터 결합이 이음 역할을 하는 폴리에스터라고 할 수 있어요.

카복실산과 알코올에서 에스터 결합이 가능한 과정에서도 역시 탈수 축합 반응이 일어나요. 다음 **그림**에서 보듯이 테레프탈산과 에틸렌글리콜과의 사이에서 탈수축합 반응이 계속 반복해서 일어나면 폴리머가 생겨요. 에스터 결합으로 생긴 폴리머이기 때문에 폴리에스터라고 불러요.

폴리에스터는 섬유의 대표 주자로도 활약해요. 여러 번 세탁해도 옷 주름이 없어지지 않고 또 구김도 잘 가지 않는 장점이 있어요. 하지만 흡습성이 없어서 겉옷에 잘 맞아요. 폴리에스터는 플라스틱으로도 수요가 많지만 음료수 용기(페트병)로도 널리 사용돼요.

페트(PET)는 폴리에스터의 또 다른 이름 폴리에틸렌 테레프탈레이트(PolyEthylene Terephthalate)에서 따온 말이에요. 폴리에스터의 구조 중에는 테레프탈산의 벤젠 고리가 있기 때문에 자외선을 흡수하는 성질이 있어서 음료수의 품질을 유지하기 쉬워요.

폴리에틸렌과 같은 첨가 중합의 폴리머나 나일론, 폴리에스터 등의 축합 중합 폴리머도 가열에 의해서 물러지므로, 이것을 실 형태로 뽑거나 틀에 넣어 성형하면 원하는 제품을 만들 수 있어요. 일반적으로 폴리머가 물러지는 성질을 **가소성**이라고 해요. 이 경우처럼 열에 의해서 물러지는 성질은 **열가소성**이에요.

[5] 역자 주: 폴리에스터 계열의 부드럽고 따뜻한 합성 소재이다. 스포츠 의류에 주로 쓰인다.

페트병은 참 편리해.
페트병으로 폴리에스터 소재의 플리스를 만든다는 거 알고 있어?
그럼! 그 정도는 알고 있지.
깜토랑 같이 페트병 분리수거도 열심히 하고 있는걸.
테레프탈산과 에틸렌글리콜과의 사이에서 탈수 축합이 반복된 것이
페트병 원료인 폴리에스터예요.
폴리에스터의 생성
PET
기타 폴리에스터
원래 PET(PolyEthylene Terephthalate)는 폴리에스터의 일종이므로 플리스 등의 폴리에스터 소재의 옷을 만들 수 있다.
폴리에스터로 만든 플리스 따뜻하다!
깜토도 따뜻하게 해줄게!
좋겠다
숨막혀…… 그래도 기분 좋다!
꽉~

6-13 열에 강한 플라스틱이 있다?
– 페놀 수지류가 내열성을 갖는 이유

앞에서 설명한 많은 플라스틱(합성 고분자 화합물)은 열가소성 성질을 갖는 공통점이 있어요. 하지만 그중에는 **가열했을 때 단단해지는 성질을 갖는 플라스틱류**도 있어요. 페놀 수지가 대표적이며 열을 가하면 단단해져요.

페놀 수지, 요소(우레아) 수지, 멜라민 수지 등은 내열성이 요구되는 곳에 사용돼요. 페놀 수지는 페놀과 폼알데하이드(**그림 6-13-1**), 요소 수지는 요소와 폼알데하이드(**그림 6-13-2**), 멜라민 수지는 멜라민이라는 화합물(**그림 6-13-3**)과 폼알데하이드로부터, 가열에 의해 각각(축합 반응에 의해) 물이 빠지고, 고분자 화합물이 된 것이에요.

이들은 모두 **3차원 그물망 구조**를 하고 있어요. 때문에 이들 폴리머는 열을 가했을 때 강하고 단단하게 결합하여 단단해지는 성질 즉, **열경화성**을 가져요. 열경화성 수지는 비교적 열에 강하고 용매에도 녹기 어렵기 때문에 식기, 가구, 건재 등에 널리 사용돼요.

앞에서도 설명했지만 이들 수지 원료에는 폼알데하이드가 이용되고 있어요. 페놀과 같은 유기화합물의 모노머 2분자의 R–H(2개의 수소 원자)와 폼알데하이드의 ＞C=O(산소 원자) 사이에서 1개 분자의 물이 빠지고 탈수축합 반응하는 것이 기본이에요.

나일론이나 폴리에스터의 탈수축합 반응과 다른 점은 페놀, 요소, 멜라민 등의 모노머에는 반응하는 R–H(반응성이 높은 수소 원자)가 3곳 이상 있어서 고분자가 될 때 정글짐처럼 3차원의 그물망 형태의 결합이 성장한다는 거예요.

또한 원료인 폼알데하이드가 미량이라도 남아 있는 경우 코를 찌르는 냄새나 눈 · 코 점막에 자극을 주는 원인이 된다고 알려져 있어요. 이와 같은 증상을 **새집 증후군**이라고 불러요.

그림 6-13-1 페놀 수지

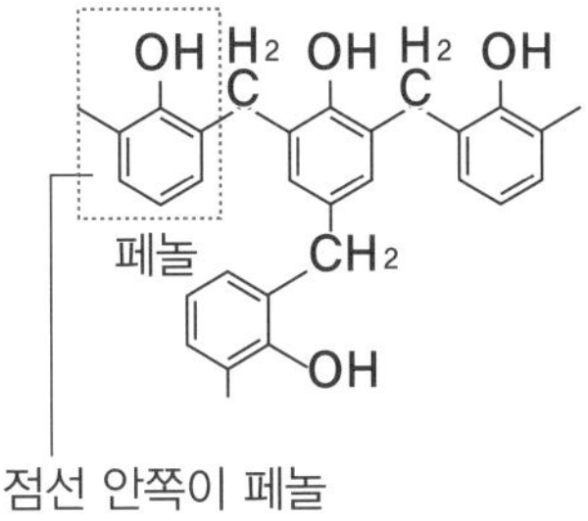

그림 6-13-2 요소 수지

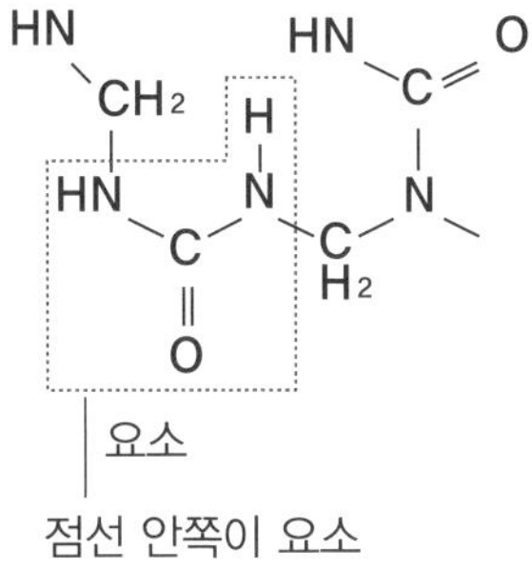

그림 6-13-3 멜라민 수지

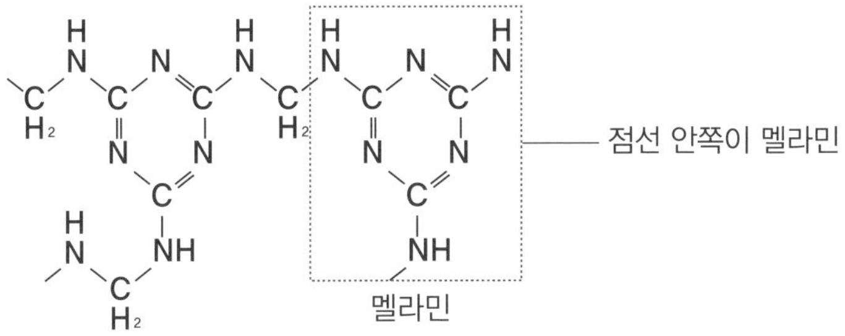

6-14 수족관의 거대 수조는 무엇으로 만들어졌을까?
– 투명도와 두께를 만족시킨 아크릴 수지

우리의 일상 생활은 플라스틱에 의해 유지되고 있다고 해도 좋을 만큼 너무나 많은 제품들에 둘러싸여 생활하고 있어요. 여기서는 특히 고기능성 신소재로 주목 받는 플라스틱을 몇 가지 소개할게요.

우선 **아크릴 수지**예요. 아크릴 수지는 대부분 아크릴산 에스터 수지를 가리켜요. 그중에서도 대부분은 폴리메타크릴산메틸 에스터(PMMA) 수지를 의미해요(그림 6-14-1).

이것은 유기 유리로도 불리며 광섬유용 유기 소재로 이용될 정도로 투명성이 뛰어난 수지예요.

수족관에 거대 수조가 등장한 것도 투명도가 상당히 높은 아크릴 수지로 수압에 견디는 두꺼운 창을 만드는 것이 가능해졌기 때문이에요. 의료용으로도 활약하는데, 투명성을 살려서 콘택트렌즈의 소재로 이용되거나 치과용으로는 의치나 그 토대 부분(의치상)으로 이용되고 있어요.

충치 치료 후의 충진재로 비스페놀 A의 유도체와 메타크릴산으로 만든 bis-GMA(메타크릴산의 에스터 일종)의 폴리머가 자주 사용되고 있어요(그림 6-14-2). 이 수지는 실리카 및 유리의 입자와 한데 섞어서 사용하는 복합 재료(레진resin)로도 이용돼요. 구멍에 채운 후 과산화벤졸 등의 복합 개시제에 의한 화학 중합 혹은 빛에 의한 광중합으로 단단하게 경화시키는 시스템이에요.

같은 방식으로 비스페놀 A를 2가 알코올로서 탄산 에스터 결합으로 고분자로 만든 것이 **폴리카보네이트 수지**예요(그림 6-14-3). 크기가 변하지 않고 투명성이 뛰어나고 충격에도 강한 것이 장점이에요.

그림 6-14-1 PMMA

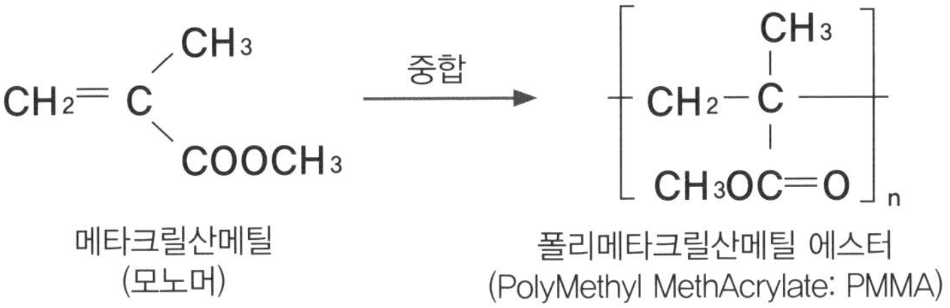

그림 6-14-2 bis-GMA

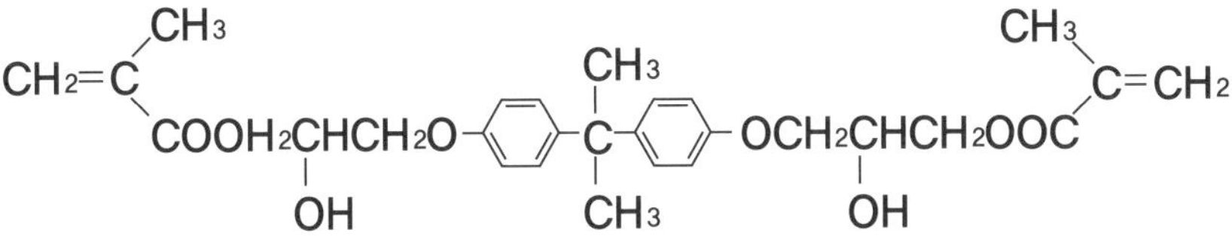

비스페놀 A 다이글리시딜(Diglycidy)에터 메타크릴산 에스터

그림 6-14-3 폴리카보네이트

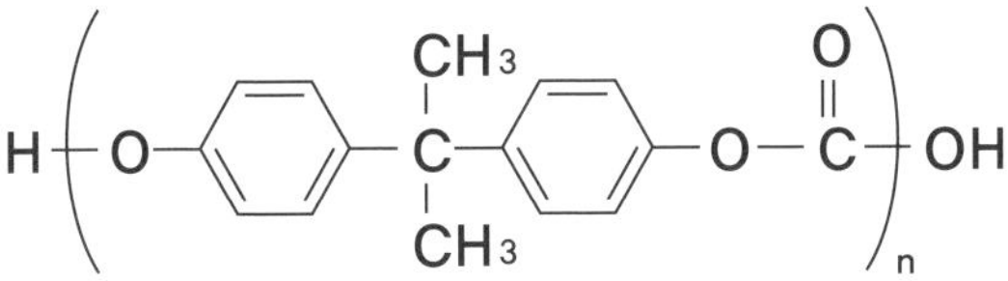

Column

기대가 높아지는 생분해성 플라스틱이란?
– 어떻게 해결할까? 플라스틱 쓰레기 문제 1

플라스틱이 실생활에서 다양하게 사용되면서 플라스틱의 폐기물 처리가 중요한 문제가 되고 있어요. 플라스틱은 빌딩의 건축자재나 자동차 내장재처럼 오랫동안 사용하는 경우도 있지만, 일회용 포장재와 같은 꽤 많은 양이 짧은 기간에 사용되고 버려져요.

플라스틱을 태우면 폴리염화비닐과 같은 염소를 포함한 경우, 염화 수소, 소위 다이옥신류와 같은 유독 성분이 발생하는 위험이 있어요. 또 폴리에틸렌처럼 단순한 구조인 경우는 유독 가스를 발생하지 않더라도, 연소시켰을 때 발열량이 커서 소각로의 수명을 단축시키는 문제도 발생해요.

플라스틱은 원래 자연에는 존재하지 않았던 물질이기 때문에 박테리아 등 미생물에 의해서 분해되는 일은 거의 없다고 해도 과언이 아니에요. 매립장 대부분은 이와 같은 플라스틱 폐기물 때문에 수용 능력이 한계에 달하고 있어요.

그래서 적절한 환경 조건 아래서 분해하고 경제적으로도 채산이 맞는 폴리머 개발에 힘을 기울여 왔어요. 자연계의 미생물이 분해할 수 있는 플라스틱을 생분해성 플라스틱(그린 플라스틱)이라고 해요.

생분해성 플라스틱으로 만들어진 비닐봉지, 필름, 용기 등의 포장재 혹은 제품은 폐기 후 땅속에 묻었을 때 이산화 탄소와 물로 분해돼요. 일반적으로 생분해성 플라스틱은 천연 고분자 화합물을 이용하거나 젖산 등의 천연물에서 합성해요(그림 참조).

이처럼 장점이 많은 생분해성 플라스틱이지만 보급률의 열쇠는 바로 가격이에요. 현재 폴리에틸렌 등의 플라스틱과 비교했을 때 너무 비싸기 때문이에요.

천연 소재로는 전분이나 셀룰로오스가 있어요. 택배 박스 안의 완충재로 사용되기도 해요. 최근 개발되어 시판 중인 자연계에 존재하는 지방족 하이드록시 카복실산(젖산 등)의 폴리에스터 등이 있어요.

이들은 원래 천연 소재이기 때문에 미생물에 의해서 분해가 가능하지만, 전분 등은 식량으로도 중요하기 때문에 가능하면 식용이 아닌 셀룰로오스 등의 소재를 활용한 효과적인 제조 기술 개발이 기대돼요(표).

Column

그림 폴리 젖산과 폴리에틸렌 석시네이트의 구조식

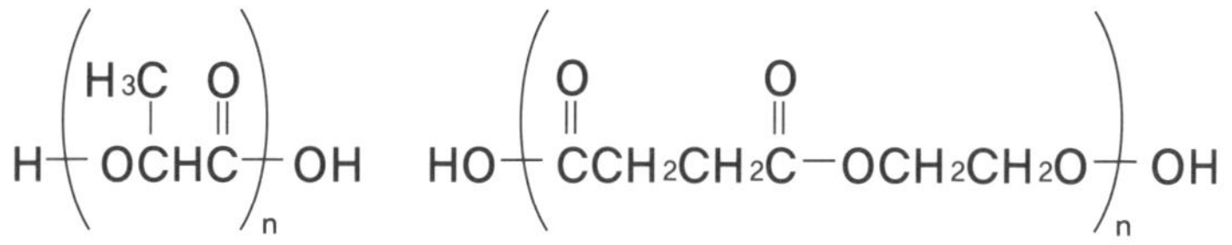

폴리 젖산　　　　　　　　폴리에틸렌 석시네이트

양쪽 모두 화학 합성계의 생분해성 플라스틱이다. 폴리 젖산은 경질계, 폴리에틸렌 석시네이트는 연질계의 생분해성 플라스틱이다.

표 전분과 셀룰로오스의 특징

전분	생분해성 플라스틱으로 가공하기 쉽지만 식량으로도 꼭 필요
셀룰로오스	생분해성 플라스틱으로 가공하기 어렵지만 음식으로 사용되지 않으므로 자원으로 유망

Column

플라스틱을 재활용(리사이클)하는 방법은?
– 어떻게 해결할까? 플라스틱 쓰레기 문제 2

우리나라에서 플라스틱 재활용이 시행된 것은 대략 2000년 초반부터예요. 포장용기의 플라스틱 리사이클 마크는 용기 밑부분에 'PP', 'PVC' 등으로 재질이 표시되어 있어요. 플라스틱 리사이클에는 다음과 같은 것이 있어요.

1 머티리얼 리사이클

가공 전 플라스틱 재료로 되돌린다. 화학 변화를 수반하지 않는다.

예) 페트병을 녹여서 플리스 가공

2 케미컬 리사이클

가수 분해 혹은 열 분해를 이용하여 원료로 되돌린다. 화학 변화를 가져온다.

예) 페트병을 테레프탈산으로 분해하여 재자원화

3 연료 리사이클

열 분해 등으로 기름으로 되돌린다.

예) 연료유, 가스, 고로환원제[6]로 재이용

4 서멀 리사이클

태워서 열에너지를 이용한다.

예) 쓰레기 발전 등의 연료로 재이용

플라스틱을 가공 전 재료로 되돌려서 재이용하는 머티리얼 리사이클의 경우 플라스틱을 종류별로 분리하는 것이 중요해요. 하지만 새 원료로 만든 것과 비교했을 때 품질이 떨어지는 것은 피하기 어려워요.

페트병처럼 제품 형태에서 재료가 거의 정해져 있는 것은 분별 대상이 되기 쉽지만

6 역자 주: 폐플라스틱의 케미컬 리사이클 기술의 하나로서, 제철 때 철광석 탈산소(전이)공정에서 사용되는 코크스의 일부를 폐플라스틱으로 대체하는 기술.

Column

모든 가정의 폐플라스틱을 대상으로 하기는 어려워요. 회수되는 페트병은 음료수병으로 재이용되기 보다는 섬유나 시트에 주로 재활용돼요.

리사이클은 앞에서 설명했듯이 페트병의 경우는 에스터 결합의 가수 분해 등을 이용하여 원료의 테레프탈산으로 되돌리는 거예요. 페트병과 물을 적당한 조건에서 반응시키면 가수 분해(화학 변화)에 의해서 테레프탈산으로 되돌아가요. 식품의 포장 접시에 이용되는 폴리스타이렌(발포 스티롤)은 열분해(이것 역시 화학 변화)에 의해 원료의 스타이렌(모노머)으로 되돌아가요.

케미컬 리사이클과 연료 리사이클의 공통된 과제로 리사이클된 원료나 유분의 회수율을 어디까지 끌어올릴 수 있는가, 분해 때 생기는 부산물 처리를 어떻게 할 것인가 등을 들 수 있어요.

3R(Reuse, Reduce, Recycle)의 관점으로 보았을 때, 포장을 간소화해서 쓰레기를 줄이거나(Reduce), 페트병을 회수하고 세척하여 음료를 다시 넣어 판매하는 재사용(Reuse) 등은 실제로 운용 가능성이 낮아요. 그보다 광범위하고 효율적인 리사이클(Recycle) 기술 개발이 필요해요.

사진

'플라스틱' 마크. 아래에 'PP'라고 적혀 있는 것은 재질이 폴리프로필렌, 'PE'라고 적혀 있는 것은 '폴리에틸렌'을 나타내요.

참고문헌

『化学「超」入門』 左巻健男/編著, 日本実業出版社, 2001.

「キログラムの再定義をめぐる最近の動き」 藤井賢一, 『じっきょう理科資料』, No.57, 実教出版, 2005.

「アボガドロ定数はどこまで求まっているか」 日高 洋, 『ぶんせき』, 2号, 日本分析化学会, 2005.

『新しい高校化学の教科書』 左巻健男/編著, 講談社, 2006.

『大人のやりなおし中学化学』 左巻健男, SBクリエイティブ, 2008.

『マンガでわかる有機化学』 斎藤勝裕, SBクリエイティブ, 2009.

『マンガでわかる元素118』 齋藤勝裕, SBクリエイティブ, 2011.

『周期表に強くなる！』 齋藤勝裕, SBクリエイティブ, 2012.

『理科年表』 国立天文台/編, 丸善, 2013.

『カラー図解でわかる高校化学超入門』 斎藤勝裕, SBクリエイティブ, 2014.

『マンガでわかる無機化学』 斎藤勝裕, SBクリエイティブ, 2014.

찾아보기